中学数学 xやyの意味と使い方がわかる

わかりにくいxやyの意味と、問題の解き方がわかる！

方程式
関数
因数分解
式の計算

小林道正
Michimasa Kobayashi

はじめに

「いつから数学が好きではなくなったのですか？」と大人に聞くと、「中学校で、やたらと文字ばかり出てきてから」と答える人が多いものです。

数学における文字は嫌われることが多いのですが、数式に使われる「アルファベットやギリシャ文字などの文字」は、なくてはならないものです。英語が世界中で使われているのと同じで、数学での文字式は世界共通という便利な側面もあり、文字で表される式は世界語ともいえるのです。

数学に文字はなくてはならないものですが、同時に、多くの人に数学が嫌われる原因にもなっています。たとえば、

$$S=\frac{1}{2}ah$$

における文字、a、h、Sは何を意味するのでしょう？

$$(a+b)^2=a^2+2ab+b^2$$

という文字式において、a、bは何を表しているのでしょう？

このような公式を丸暗記して、意味を考えなかった人も多いかと思います。

$$y=x^2$$

での、文字xやyは何を表しているのでしょう？

ギリシャ文字α、β、γなどが出てくると、もうパニックに陥る人も多いかもしれません。

本書は、このような「数学における文字」が「何を表しているのか？」「文字にはどのような働きがあるのか？」を、やさしく解き明かすことを目的にしています。

「数学における文字」は、中学校の数学で頻繁に出てくるようになるのですが、じつは、小学校の算数にも登場します。したがって、本書では、小学校の算数の復習からはじめます。しかし、本書の中心は、「中学校の数学における文字」です。ですから、中学校の数学がわからなくて悩んでいる中学生のための本でもあります。

同時に、数学の授業で、文字式の指導に悩んでいる先生方や保護者の方にも役に立つはずです。まず、「文字の働き」を自分が理解することが大切です。

私は、数学教育を研究している数学教育協議会の委員長をしたこともあり、中学校の先生方とも、「どうすれば生徒が楽しく、わかるように学べるか？」という共同研究を続けてきました。本書はその中での研究成果の一端でもあります。

中学数学に関係する人だけでなく、数学を学び直したい高校生・大学生・一般社会人の方にもぜひ、本書をゆっくり読んで、数学に登場する文字に対する苦手意識をなくしてほしいと思っています。

すべての読者の方の「目からウロコが落ちる」ことを願っています。

2017年2月　　小林道正

目　次

第1章　小学校の算数で出会う文字 ……………11

❶ 文字の役割を考えてみよう ……12

❷ 文字の役割❶不特定の定数を表す ……14

　1　長方形の面積の公式も文字でできた式 ……14

　2　文字に入るのは量と数 ……15

　3　図形の面積・体積を表す公式 ……16

❸ 数の計算の性質を表す文字や記号 ……19

❹ 文字の役割❷未知数を表す ……22

第2章　中学1年で出会う文字 ……………………25

❶ 数の計算の性質をあらわすための文字 ……26

❷「文字が含まれる式」での文字の役割 ……27

❸ 文字式の計算 ……35

　1　文字式のたし算 ……35

　2　文字式のひき算 ……37

　3　累乗 ……39

　4　代入 ……40

❹ 等式と恒等式 ……42

　1　恒等式 ……43

　2　等式の性質 ……45

❺ 方程式における文字 ……48

❻ 具体的な量を求める方程式 ……58

1　「単価」×「数量」＝「金額」……58
2　「速さ」×「時間」＝「距離(道のり)」……62
3　「密度」×「体積」＝「重さ」……67
4　「濃度」×「溶液の重さ」＝「溶質の重さ」……68
7 変数としての文字、関数を表す文字 ……71
8 正比例関数 ……77
1　関数とは何か？ ……77
2　正比例関数とは ……78
3　変数から未知数への役割の変化 ……81
9 変数と関数のグラフ ……83
10 反比例関数 ……93
11 面積・体積を表す公式における文字 ……98
1　おうぎ形の中心角と弧の長さや面積 ……98
2　立体図形の表面積 ……103
3　立体図形の体積 ……110
4　球の体積と表面積 ……115
12 文字の3つの働き ……121
1　不定の定数を表す文字 ……122
2　未知数を表す文字 ……122
3　変数を表す文字 ……123
4　文字に入るのは、数か量 ……123
5　文字の働きは変化する ……124

第3章　中学2年で出会う文字 ……………………127

1 3つの働きに共通な文字式の計算 ……128

1　単項式 ……128

2　多項式 ……130

3　同類項のまとめ ……131

4　多項式の加法と減法 ……133

5　単項式の乗法 ……136

6　単項式の除法 ……138

7　カッコをはずす計算 ……140

8　代入の計算 ……144

2 未知数が2つある連立1次方程式 ……145

1　等式の変形 ……145

2　連立方程式 ……148

3　連立方程式の解法①加減法 ……150

4　連立方程式の解法②代入法 ……155

5　連立方程式で表せる量の関係 ……159

3 変数を用いた1次関数 ……161

1　変化の割合は一定 ……164

2　1次関数のグラフ ……165

3　直線の傾きとx切片・y切片 ……167

4　x切片y切片がわかるときの直線の式 ……173

4 連立1次方程式と1次関数 ……177

1　連立方程式の解と2直線の交点 ……177

2　連立方程式の解がない場合 ……182

3　連立方程式の解が無数にあって定まらない場合 ……184

第4章　中学3年で出会う文字 ……………………187

1 多項式の展開 ……188

1　多項式と単項式の乗法 ……188

2　多項式と単項式の除法 ……189

3　多項式と多項式の乗法 ……190

2 多項式の因数分解 ……199

1　共通因数をくくる因数分解 ……201

2　積と和を求める因数分解 ……203

3　2乗の公式が逆に使える場合の因数分解 ……207

4　2乗の差の因数分解 ……208

5　少し複雑な因数分解 ……209

3 未知数の文字を用いた2次方程式 ……216

1　無理数 ……217

2　因数分解による解法 ……218

3　$(x+\square)^2=\triangle$にまとめる解法 ……221

4　解の公式 ……224

5　解の公式と因数分解 ……226

6　2次方程式の2つの解が一致する場合 ……229

7　2次方程式の解がない場合 ……230

4 変数を用いた2次関数 ……232

1　2次関数$y=x^2$ ……232

2　2次関数$y=x^2$のグラフ ……233

3　2次関数$y=ax^2$の具体例 ……237

4　放物線 ……241

2章の練習問題の解答 ……245
3章の練習問題の解答 ……251
4章の練習問題の解答 ……252

第1章
小学校の算数で出会う文字

1 文字の役割を考えてみよう

中学校の数学に登場する文字を説明する前に、小学校の算数の復習から始めましょう。

じつは、小学校でも、数学における文字の考え方を習います。たとえば、次のような問題です。

下の図のような長方形の縦の長さを求めましょう。

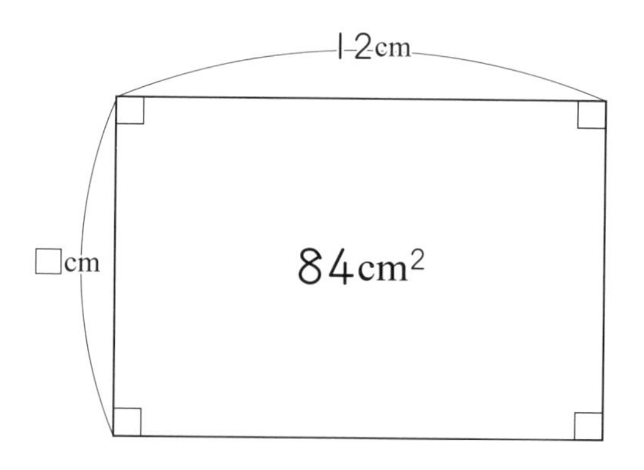

$$\square \times 12 = 84$$

このように、数のかわりに□や○などの記号を使って式に表したり、あてはまる数を求めたりします。
記号のかわりにxやaなどの文字を使うこともあります。
縦の長さをxとして、その値を求めてみましょう。

$$x \times 12 = 84$$
$$x = 84 \div 12$$
$$x = 7$$

何かに12をかけると84になるので、逆の計算（わり算）をするとxがわかる

ここでの□やxは、「未知数」としての役割をもっています。□やxにはある数が入りますが、当面わからないので、とりあえず文字で表しているのです。文字を使った式を組み立て、そこから未知数にあてはまる数を探します。
この「未知数」には、「いろいろな数値」が入るのではなく、「特定の数」が入ります。

□やxには、未知数を表すだけではなく、他の役割もあります。次節以降で説明するので、どんな役割か考えながら読みすすめてください。

2 文字の役割❶ 不特定の定数を表す

算数や数学に出てくる、A、B、C、a、b、c、x、y、zといったアルファベットは、ある言葉を省略したものだったり、区別するために便宜的に用いる識別番号のようなものだったりします。日本語の言葉と同じように考えて大丈夫です。以下で具体的に見ていきましょう。

1 長方形の面積の公式も文字でできた式

長方形の面積は、「縦の長さ」と「横の長さ」をかけて求められると小学校で学びます。長方形の面積といえば、次の公式を思い浮かべると思います。

長方形の面積＝縦の長さ×横の長さ

じつは、これは、日本語の言葉で表された「数式」なのです。

「縦の長さ」や「横の長さ」には、マイナスの数をのぞく、どんな数でもあてはめることができます(前節の例題のように、最初から面積などの値が決まっていなければ)。つまり、不特定の数や量が入れられるのです。これを「不特定の定数」といいます。

2　文字に入るのは量と数

ここで、「量」と「数」の関係を確認しておきましょう。「数」はそれだけでは抽象的な概念で、現実には存在しません。「数」そのものの「3」は、たとえば手の上にのせて見せることはできません。

数が現実と関わるのは、「量の大きさ」を表すときです。「5gの水」というときの「5g」は量ですが、その大きさを表す「5」は数です。

数の5を使って、いろいろな量の大きさが表されます。「5冊の本」「お皿が5枚」「5匹の猫」「5人の子ども」などです。「5cm」などの連続的な量を、単位になる量を使って表す場合も同じです。

「5cmのテープ」「5mのひも」「5kgの水」「5dL」「5分間」などもそうです。

長方形の面積＝縦の長さ×横の長さ

において、「縦の長さ」や「横の長さ」に入るのは、「長さという量」です。縦の長さ＝3cm、横の長さ＝4cmなどが入ります。

このとき、「長方形の面積」も量で、12cm^2となります。数学は、純粋に数だけの科学ではなく、量の科学でもあるのです。

数学における「文字」は、このように「量(大きさを含む)」を表すことが多いのです。

物理学など、諸科学の法則はほとんどが「量の法則」ですが、数学でも同じなのです。

もちろん、文字は数だけを表すこともあります。

「整数１」+「整数２」=「整数２」+「整数１」

というように、たし算の順番を変えても答えが同じことを表したりする場合、文字は数だけを表しています。

「整数１」をa、「整数２」をbで表して、

$$a+b=b+a$$

と表しても、a、bともに数だけを表しています。

このように、算数・数学に現れる「文字」は、「量を表す」場合と、「数を表す」場合があるのです。

3 図形の面積・体積を表す公式

長方形の面積以外の公式を見ていきましょう。

小学校で学ぶ図形の面積・体積をまとめると、次のようになります。

長方形の面積＝縦の長さ×横の長さ
正方形の面積＝１辺の長さ×１辺の長さ
平行四辺形の面積＝底辺×高さ
三角形の面積＝底辺×高さ÷２
台形の面積＝（上底＋下底）×高さ÷２
ひし形の面積＝対角線の長さ×対角線の長さ÷２
円の面積＝半径×半径×円周率
角柱の体積＝底面積×高さ
円柱の体積＝底面積×高さ

このように、面積や体積を求める公式は、文字で表すことができます。すべて、「文字で表された数式」です。

面積の公式を、アルファベットを用いて表すと次のようになります。

hは「高さ」を意味する「height」という英語の頭文字で、rは「半径」を意味する「radius」という英語の頭文字です。図があれば、どこの長さを表しているかわかりやすいでしょう。

square（正方形）：$a \times a$

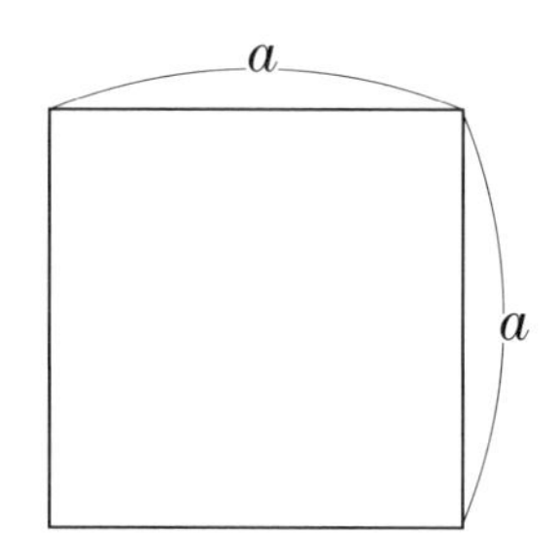

rectangle（長方形）：$a \times b$

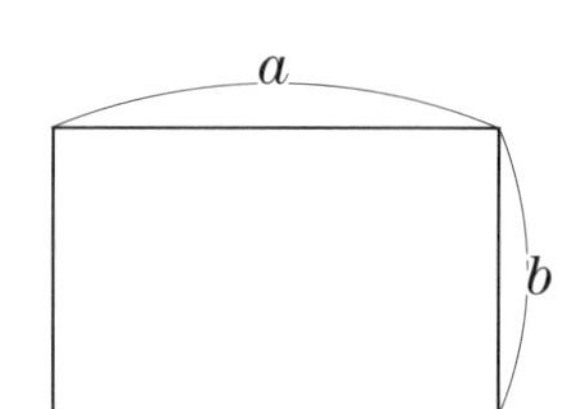

parallelogram（平行四辺形）：$a \times h$

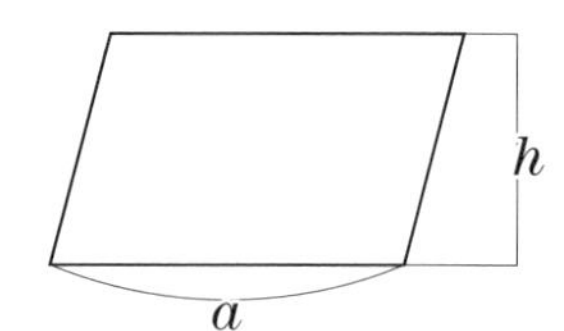

triangle（三角形）：$b \times h \div 2$

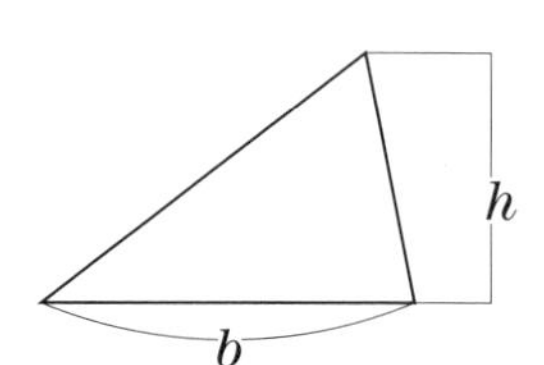

trapezoid（台形）：$(a + b) \times h \div 2$

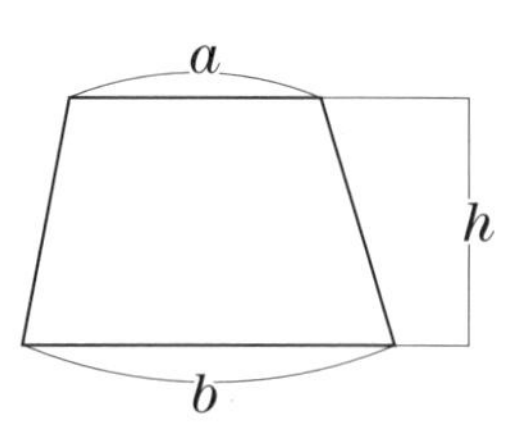

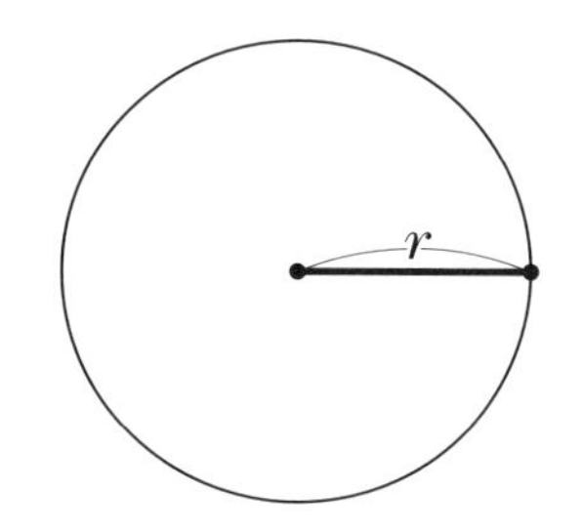

circle（円）：$r \times r \times \pi$

円周率のことを英語では「pi」と書いて、「パイ」と読みます。記号ではπと書きます。

3 数の計算の性質を表す文字や記号

面積や体積の公式以外の例を考えましょう。小学校４年生では、以下のような計算の性質を習います。

たし算とかけ算、ひき算とかけ算には、次のような決まりがあります。

■　分配の決まり

(○＋△)×□＝○×□＋△×□

(○－△)×□＝○×□－△×□

まとめてかけても、バラバラにかけても、答えは同じ。

■　交換の決まり

○＋△＝△＋○

○×△＝△×○

たし算やかけ算では、順序を入れ換えても答えは同じ。

■　結合の決まり

（○＋△）＋□＝○＋（△＋□）

（○×△）×□＝○×（△×□）

たし算だけ、かけ算だけのときは、計算する順序を変えても答えは同じ。

ひとつの等式のイコール（＝）の左側にある□と、右側にある□には、まったく同じ数が入ります。△や○についても同じです。これらは、言葉というより記号です。

このような数の計算の性質を、6年生になると文字を使って表すようになります。

■　分配の決まり

$$(a+b)\times c=a\times c+b\times c$$

$$(a-b)\times c=a\times c-b\times c$$

■　交換の決まり

$$a+b=b+a$$

$$a\times b=b\times a$$

■　結合の決まり

$$(a+b)+c=a+(b+c)$$

$$(a\times b)\times c=a\times(b\times c)$$

ここで、疑問に思う人がいるかもしれません。なぜ、□、△、○のかわりにアルファベットを使うのでしょう？　答えは単純で、「記号より、アルファベットを使うほうが簡単で、欧米では英語で表すのが一般的だから」にすぎません。

日本の五十音「あいうえお」でもまったく差し支えないはずです。

■　分配の決まり

(あ＋い)×う＝あ×う＋い×う

(あ－い)×う＝あ×う－い×う

■　交換の決まり

あ＋い＝い＋あ

あ×い＝い×あ

■　結合の決まり

(あ＋い)＋う＝あ＋(い＋う)

(あ×い)×う＝あ×(い×う)

ひらがなで書くなどあまり見慣れないので違和感を覚える人が多いでしょうが、式が表す意味は同じです。

4 文字の役割❷ 未知数を表す

数学や算数に登場するxやyといった文字には、最初に説明したように、未知数としての使い方もあります。

たとえば、次のような問題です。

はなこさんはノート１冊と、250円の下じきを買い、360円をはらいました。

ノート１冊の値段の求め方を考えましょう。

1. ノートの値段をx円として、代金が360円であることを式に表しましょう。
2. xにあてはまる数の求め方を、図を描いて考えましょう。

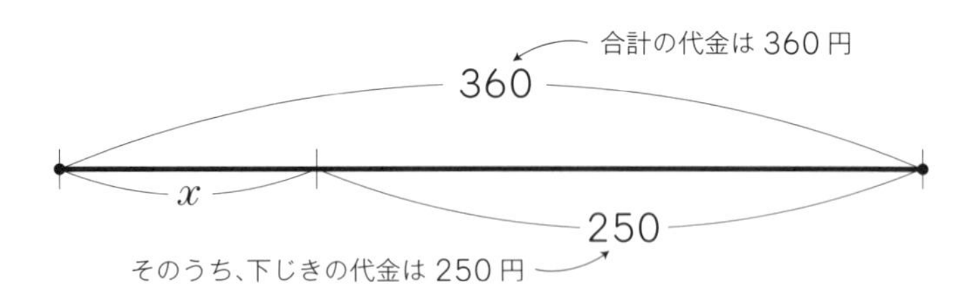

3.　xにあてはまる数を求めましょう。

$$x+250=360$$

$$x=360-250$$

250をたすと360になるので、360から250をひけばxがわかる

$$x=110$$

答え　110円

ここでのアルファベットの文字xは、未知数を表しています。未知数xを求めるには、上記のように式を変形しなければなりません。

等式の両辺に同じ数をたしたり、ひいたり、かけたり、わったりしても、等式の関係は変わりません。このことを利用して、式を変形して未知数を求めます。

第2章 中学1年で出会う文字

1 数の計算の性質を表すための文字

中学校の数学では、はじめに「負の数」について学びます。そして、小学校で学んだ交換の決まり（たし算やかけ算では順序を入れ替えられるという性質）、分配の決まり（以下のような場合、カッコ内のたし算やひき算を先に計算しなくても、カッコをはずして計算できるという性質）、結合の決まり（3つの数のたし算やかけ算で、どこを先に計算してもよいという性質）は、負の数まで含めて成り立ちます。

小学校で学んだ数の性質と同じ式ですが、文字a、b、c、に入る数が、今度は「負の数」まで含めても成り立つのです。

■ たし算やかけ算の順序を交換できるという性質

$$a+b=b+a$$
$$a\times b=b\times a$$

■ 3つの数をたしたりかけたりするのに、どの部分を先に計算してもよい、結合可能という性質

$$(a+b)+c=a+(b+c)$$
$$(a\times b)\times c=a\times(b\times c)$$

■ 2つの数をたしてからかけても、かけてからたしても同じで、かけ算を分配できるという性質

$(a+b)\times c=a\times c+b\times c$
$(a-b)\times c=a\times c-b\times c$

前章で考えたように、このような数を表すための文字a、b、cには、どのような数が入っても、この決まりはいつも成り立ちます。小学校と違うのは、「どんな数」に「負の数も含めてよい」という点です。

2 「文字が含まれる式」での文字の役割

中学校の教科書に次のような例がよく載っています。
マッチ棒を図のように並べて正方形をつくっていくとき、

正方形が1個のとき、マッチは(1＋3×1)本

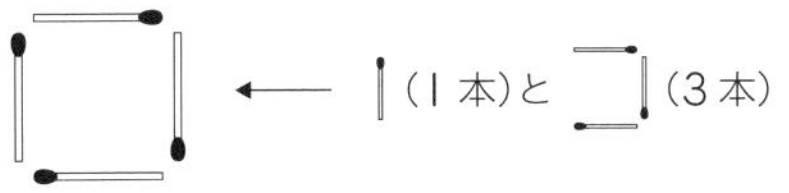

←　(1本)と　(3本)

正方形が2個のとき、マッチは(1＋3×2)本

正方形が3個のとき、マッチは(1＋3×3)本

では、正方形が20個のときのマッチ棒の本数を、上の例にならって、式に表しましょう。また、その本数を求めましょう。

正方形の個数がいくつであっても、マッチ棒の本数は、いつも

1＋3×(正方形の個数)

という式で表すことができます。正方形の個数を表す数1、2、3……をまとめて文字aを使うと、正方形をa個つくるときのマッチ棒の本数は

$1+3\times a$

という式で表すことができます。

正方形が20個のときは、$a=20$として、

$1+3\times 20=61$

つまり、61本のマッチが必要であることがわかります。

正方形をつくるときのマッチ棒の本数は、つくる個数に

よって変わりますが、何個つくる場合でも、必要なマッチ棒の本数は、上の式でまとめて表すことができます。

この例をもとに、文字の役割について考えてみましょう。

1. 文字aは、何か具体的な量(ここでは正方形の個数)を表している。
2. 文字aには、いろいろな数が入りうる。
3. 文字aにはいろいろな数が入るが、まとめてひとつの式で表している。
4. 文字を使った式で、ある量(ここではマッチ棒の本数)が求められることを示している。

ここでの文字の役割は、「正方形の個数」を表し、この文字にはいろいろな数が入りうるのです。単なる文字の式においても、何らかの具体的な意味を背後にもっているのです。

文字を使った式は、以下のようにいろいろなものを表すことができます。
買い物をして、1000円札を出したときのおつりは

(1000－代金)円

代金をx円とすると、おつりは

$$(1000-x)\text{円}$$

長さamのひもを3等分したときの1本の長さは

$$(a \div 3)\mathrm{m}$$

さらには、文字が2つ使われる例もあります。

二等辺三角形の等しい辺の長さを$x$cm、残りの辺の長さを$y$cmとするとき、この二等辺三角形の周の長さは

$$(x \times 2 + y)\mathrm{cm}$$

1個100円のリンゴx個と、1個a円のレモン3個を買ったときの代金は

$$(100 \times x + a \times 3)\text{円}$$

これらの文字の使い方を知った後ならば、文字式の計算の意味もわかりやすくなっていると思います。

乗法記号の省略、分数の形

ここで、数式の書き方の決まりを復習しておきましょう。

中学校では、数式のなかにあるかけ算(乗法)の記号(×)を省略できることを学びます。しかし、3×4という計算式で、×を省略することはできません。34では、3×4の意味にはなりませんから。3×aならば、3aと、×を省略しても大丈夫です。数と文字の間のかけ算の記号×は省略するのが普通です。

文字の前についた数を「係数」といいます。係数は、整数

だけでなく、小数や分数、負の数でもかまいません。

$$2.6\times a \rightarrow 2.6a$$
$$\frac{3}{4}\times a \rightarrow \frac{3}{4}a$$
$$(-3)\times a \rightarrow (-3)\ a \rightarrow -3a$$

最後の$(-3)\ a$を、かっこをはずして、単に$-3a$とも表します。

$5\times a+9\times b$は$5a+9b$と表せます。＋の記号は省略できませんが、×の記号は省略できます。×の記号が入っていないほうがすっきりしていますね。

$$5.3\times a+9.3\times b \rightarrow 5.3a+9.3b$$
$$\frac{5}{6}\times x+\frac{7}{4}\times y \rightarrow \frac{5}{6}x+\frac{7}{4}y$$
$$(-5)\times a+(-9)\times b \rightarrow -5a-9b$$

最後の式の変形は、負の数の足し算で、$5+(-3)=5-3$とするのと同じやり方です。たとえば、自分の財産が5万円あるのに、財布を忘れてしまい、旅先で友達から3万円借金したとき$(5+(-3))$、自分の財産は、5万円から3万円減っているので、$5-3$となっていますから、$5+(-3)=5-3$となるのでした。これと同じで、最後の例では、

$$(-5)\times a+(-9)\times b=(-5a)+(-9b)=-5a-9b$$

となるのです。

第2章　中学1年で出会う文字

また、文字×数の場合、$a\times 7$よりは、$7\times a=7a$のほうがわかりやすく便利でしょう。「文字と数のかけ算は、数を先に、文字を後に」という習慣です。

わり算と分数の表し方

次にわり算の表し方です。

まず、分数のことを思い出してみましょう。

分数、たとえば$\frac{3}{4}$というのは、「もと」になる量を、「4つに分けた3つ分」を表す数でした。

「もと」になる量が1L（リットル）ならば、1Lを4つに分けた3つ分が、$\frac{3}{4}$Lでした。

「もと」になる量が1Lのような単位量でなく、たとえば20Lの場合には、次のようなかけ算になり、はじめに4でわり、ついで3倍するのと同じでした。

$$20\text{L}\times\frac{3}{4}=20\text{L}\div 4\times 3=5\text{L}\times 3=15\text{L}$$

それでは、次の計算はどういう意味でしょう？

$$3\div 4=\frac{3}{4}$$

$3\div 4$は、連続量を扱う際に、3を4等分すること、4等分した量のことです。整数の範囲のわり算では「商が0で余りが3」となりますが、連続的な量の場合は、さらにわり算を進めていくことができます。つまり、答えは小数や分数になります。

$\frac{3}{4}$は、1を4つに分けた3つ分を表しています。

$3 \div 4$と$\frac{3}{4}$が等しいことは、次の図を見れば納得できるでしょう。

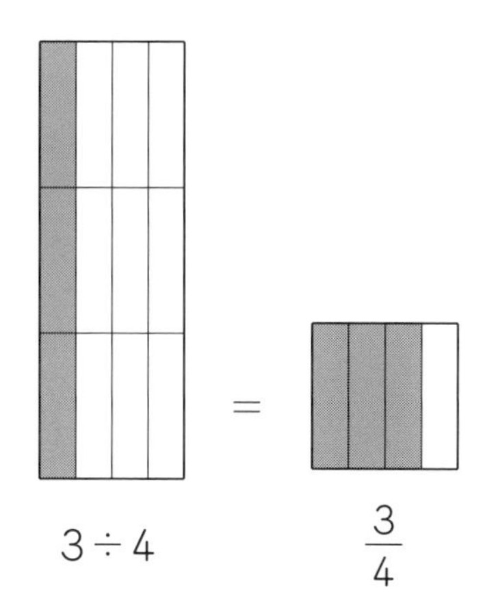

ちょっと分数の復習をしましたが、これからは、$7 \div 4 = \frac{7}{4}$と考えてよいわけです。

数のところを文字にすると、次のようになります。

$$a \div 7 = \frac{a}{7}$$

$$2a \div b = \frac{2a}{b}$$

ところで、小学校で習ったと思いますが、$2 \div 0$のように、0でわることはできません。2個のりんごを0人では分けられないからです。$\frac{2}{0}$もありえません。ですから、$\frac{3}{b}$の分母のbには0が入りません。

また、同じく小学校の算数で学んだように、分数と整数のかけ算は次のように計算できます。

$$\frac{2}{3}\times 5=\frac{2\times 5}{3}$$

ですから、文字を使った場合も、次のようにしてかまいません。

$$\frac{2}{5}a=\frac{2}{5}\times a=\frac{2\times a}{5}=\frac{2a}{5}$$

$\frac{2}{5}a$でも、$\frac{2a}{5}$でも、計算をする際に都合のいいほうを使っていいのです。

さらに、正の数を負の数でわると、答えは負の数となるので、$\frac{3}{-5}=-\frac{3}{5}$となります。文字の場合も同じように考えてよいわけです。

$$5x\div(-4)=\frac{5x}{-4}=-\frac{5x}{4}$$

3 文字式の計算

1 文字式のたし算

兄と妹が買い物に行きました。兄が1冊x円のノート3冊と、1個80円の消しゴム2個を買い、妹は1冊x円のノート4冊と、1個80円の消しゴム1個を買いました。2人合わせた代金はいくらになるでしょうか？ xを使って表してみましょう。

兄の代金は、ノートがx円/冊×3＝$3x$円、消しゴムが80円/個×2＝160円で、合わせて($3x$＋160)円となります。妹の代金は、x円/冊×4＝$4x$円、消しゴムが80円/個×1＝80円で、合わせて($4x$＋80)円となります。

2人を合わせた代金(円)は、($3x$＋160)＋($4x$＋80)となります。

ここで、分配の決まりを思い出してみましょう。数の計算において、次のような分配の性質が成り立っていました。

$$(2+3)\times 6=2\times 6+3\times 6$$

$$((-2.4)+6.3)\times 9=(-2.4)\times 9+6.3\times 9$$

この式の左右を逆転し、かける数の部分を文字で置き換えると、次のような式になります。

$$2\times a+3\times a=(2+3)\times a$$
$$(-2.4)\times a+6.3\times a=((-2.4)+6.3)\times a$$

ここで、×を省略すると、次のような計算ができることになります。

$$2a+3a=(2+3)a=5a$$
$$-2.4a+6.3a=(-2.4+6.3)a=3.9a$$

このような性質を使うと、兄と妹の代金の合計は次のように計算できます。

$$(3x+160)+(4x+80)$$
$$=3x+160+4x+80$$
$$=(3x+4x)+(160+80)$$
$$=(3+4)x+240$$
$$=7x+240$$

カッコをはずす
ノートの金額と消しゴムの金額同士でまとめる
ノートの冊数を求める

もし、$x=90$とわかったときに、2人の代金の合計を求めるのに、$(3x+160)+(4x+80)$のそれぞれのxに90をあてはめて計算(代入)するよりも、$7x+240$に代入したほうが計算しやすいでしょうし、簡単でわかりやすいという利点があります。

このように式を整理することは、とても大事なので、以下の練習問題を解いて慣れておきましょう。

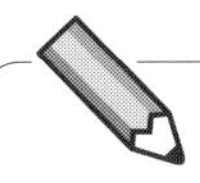

練習問題2-1　次の式を簡単な式になおしてください。

(1)　$(5a+3)+(6a+2)$

(2)　$(8x+2)+(2x+6)$

(3)　$(4x-2)+(7x-1)$

(4)　$(-2m+3)+(5m-1)$

答は245ページ

2　文字式のひき算

中学校に入ると負の数を学びますが、そのとき、小学校1年から学んできた「ひき算」は、「正負の反対の数をたすたし算」で置き換えられることを学びます。つまり、

$$5+3-2=5+3+(-2)=6$$
$$5+2-(4+5)=5+2+(-4)+(-5)=-2$$
$$5+6-(-2)=5+6+2=13$$
$$5+8-(3-2)=5+8+(-3)+2=12$$

と計算できるのでした。

式の中に文字があっても考え方は同じです。

$5a+4-2=5a+2$

$5a+2-(3a+9)=5a+2+(-3a)+(-9)$ ←カッコの前に－がある場合、カッコ内の符号を変えて、カッコを外す

$=(5-3)a+(2+(-9))$

$=2a-7$

$5a+6-(-2)=5a+(6+2)=5a+8$

$5a+8-(3a-2)=5a+8+(-3a)+2$

$=(5-3)a+(8+2)$

$=2a+10$

$5a+8-(-3a+2)=5a+8+(3a-2)$

$=(5+3)a+(8-2)$

$=8a+6$

TeaTime 間違えやすい計算

$5a+2(3a-6)$を計算するのに、正しく、$5a+(2\times 3a-2\times 6)=5a+6a-12$とできる人が、$5a-2(3a-6)$の計算を間違えることがあります。

この式は、詳しく表すと、$5a+(-2)(3a-6)$という意味ですから、$5a+((-2)\times 3a-(-2)\times 6)=5a+(-6)a-(-12)=5a-6a+12=-a+12$と計算しなければならないのです。

「カッコの前にマイナスの数があったら、カッコの中の符号をすべて変える」と理解しておく必要があります。とりわけ、$-(-3a-b+c-5)$などは間違えやすいので注意しましょう。$-(-3a-b+c-5)=3a+b-c+5$となります。

練習問題2-2　次の式を簡単な式になおしてください。

（1）　$(5a+3)-2(6a+2)$

（2）　$(8x+2)-3(2x+6)$

（3）　$(4x-2)-(7x-1)$

（4）　$(-2m+3)-(5m-1)$

答は245ページ

3　累乗

小学校5年生で、$2\times2\times2=2^3$と書き表すことを学んだと思います。同じ数を何度もかけることを累乗といい、2^3は2の3乗を表します。

正方形の面積は、1辺の長さが5cmならば、$(5\times5)\mathrm{cm}^2$でした。5×5は5^2と表します。

1辺の長さが4cmの立方体の体積は、$(4\times4\times4)\mathrm{cm}^3$です。

$4\times4\times4$を4^3と表します。

そういえば、面積の単位はcm^2、体積の単位はcm^3と、累乗の形になっています。

ここでいくつか練習して累乗に慣れておきましょう。

練習問題2-3

(1) 累乗を表すために、?に入る数は何でしょうか。

① $3\times3\times3=3^{(?)}$

② $9\times9\times9\times9=9^{(?)}$

(2) $6^5=6\times6\times$……を省略しないで表してください。

答は245ページ

数の累乗を、数の代わりに、文字を使って表したのが「文字の累乗」です。

$$a\times a\times a=a^3$$
$$x\times x\times x\times x=x^4$$
$$k\times k\times k\times k\times k\times k\times k=k^7$$

aを□個かけあわせた数は、$a^{\square}$と表せます。ちなみに、最初のaに「かけたaの個数」は、□−1で求められます。

4 代入

もともと、文字は数を代表して表していたのでした。ですから、数式内の文字を数に置き換えられるのは当然のことです。

文字で表された式において、文字に特定の数を入れる作業(代入)を考えていきましょう。

たとえば、$3a+2$という、文字で表された式において、文字aに4を入れてみることを、「文字aに数4を代入する」

といいます。

$3a+2$ において、$a=4$ とすると、$3a+2$ はひとつの数になります。

$$3\times 4+2=12+2=14$$

この数を、「式の値」というわけです。

もちろん、文字 a に異なる数を代入すれば、式の値も異なってきます。$3a+2$ の a に 10 を代入すると次のようになります。

$$3\times 10+2=30+2=32$$

文字に代入する数は、整数ばかりでなく、小数や分数の場合もあります。$3a+2$ の a に 7.8 を代入すると次のようになります。

$$3\times 7.8+2=23.4+2=25.4$$

$3a+2$ の a に $\frac{4}{5}$ を代入するとどうなるでしょう。

$$3\times \frac{4}{5}+2=\frac{12}{5}+2=\frac{12}{5}+\frac{10}{5}=\frac{22}{5}$$

代入する数は、負の数でもかまいません。

$3a+2$ の a に -2 を代入すると次のように計算できます。

$$3\times(-2)+2=-6+2=-4$$

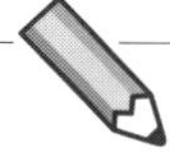

練習問題2-4

（1） $a=2$のとき、a^2-3a+2の値を求めてください。

（2） $x=2$のとき、x^2+5x-3の値を求めてください。

（3） $a=4$、$b=-1$のとき、$7a-3b$の値を求めてください。

（4） $x=5$、$y=-2$のとき、$xy-x+y$の値を求めてください。

答は245ページ

4 等式と恒等式

1冊a円のノートを3冊と、1本b円の鉛筆を4本合わせて購入し、代金500円を支払いました。これを文字の式で表してみましょう。ノートの代金$3a$円と、鉛筆の代金$4b$の合計が500円なので、次の式が成り立ちます。

$$3a+4b=500$$

この数式を「等式」といいます。$2+3=5$、$9-6=3$、$5\times7=35$、$20\div4=5$、$\frac{7}{9}\times\frac{2}{5}=\frac{7\times2}{9\times5}=\frac{14}{45}$なども等式です。文字が入った等式と同じで、イコール(=)の左側と右側は同じ値であることを表しています。

=を「等号(イコール)」といい、イコールの左側を「左辺」、右側を「右辺」といいます。

数式の計算にも等号を使ってきました。

$$2x+6x=8x$$

なども「等式」にほかなりません。次のような数の計算の性質を表す式も等式でした。

$$a+b=b+a$$

1 恒等式

等式に含まれている文字には「数」が入ることが前提とされていますが、等式に含まれる文字に、「どのような数を入れても成り立つ場合」と、「限られた数しか入れられない場合」の2種類があります。

同じ文字に同じ数を入れさえすればどのような数を入れても成り立つ式を、「恒等式」といいます。恒等式の例は次のような場合です。

（1）　数の計算の性質などを表す場合

$$(a+b)\times c=a\times c+b\times c$$

$$\frac{b}{a}\times\frac{d}{c}=\frac{b\times d}{a\times c}=\frac{bd}{ac}$$

これらは、文字a、b、c、dに、どのような数を入れても成立します。

（2）　文字式を計算した結果を書く場合

$$(3x+5y)+(2x+4y)=5x+9y$$

ここでも、文字x、yにどのような数を入れても成り立ちます。

恒等式でない等式

$$3a+4b=500$$

においては、文字a、bにどんな数を入れてもいいというわけではありません。aの値はどんな数でも入れられますが、aにある数を入れると、bはどんな数でもいいわけではなく、ある特定の数でなければならなくなります。

こういう、恒等式ではない等式は、基本的に「方程式」といいます。たとえ、上の例のように、文字が2つ以上あって、いくつかの文字にはどんな数も入れられるとしても、すべての文字にどんな数でも入れられる恒等式ではありません。

図形の面積などの公式を表す場合も同様で、たとえば、三角形の面積をS、底辺をa、高さをbとするとき

$$S=\frac{ab}{2}$$

となりますが、底辺aと高さbを決めれば、面積Sはどんな数でもいいわけではなく、ある特定の数になります。つまり、底辺と高さの値が決まれば面積の値も決まるのです。

恒等式でない等式は方程式ですが、方程式についてはあらためて次の節で考えてみます。

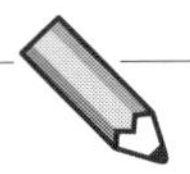

練習問題2-5 次の式は恒等式でしょうか、方程式でしょうか。

(1) $3(x+y)=3x+3y$

(2) $5x-y=8$

(3) $x+y+z=y+z+x$

(4) $2x+3y-z=0$

答は246ページ

2 等式の性質

文字で表されている等式でも、もともとは数の関係式ですから、次の性質が成り立ちます。

以下のような、天秤ばかりをイメージするとわかりやすいと思います。

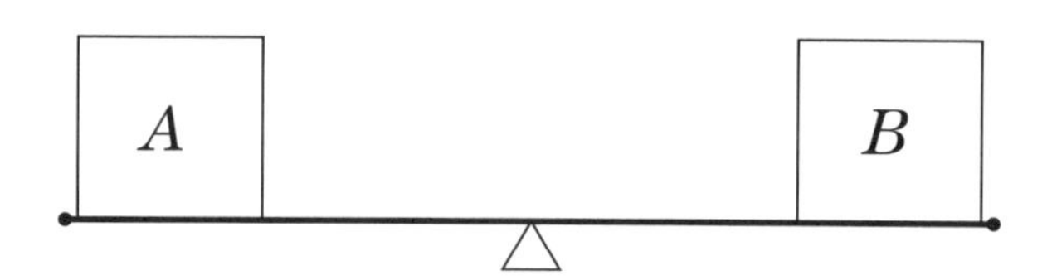

（1） 等式の左辺と右辺に同じ数を加えてもよい。

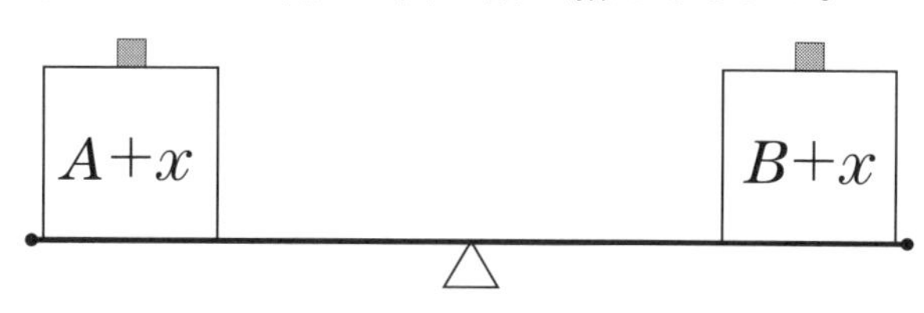

$$A=B \Rightarrow A+x=B+x$$

（2） 等式の左辺と右辺から同じ数を引いてもよい。

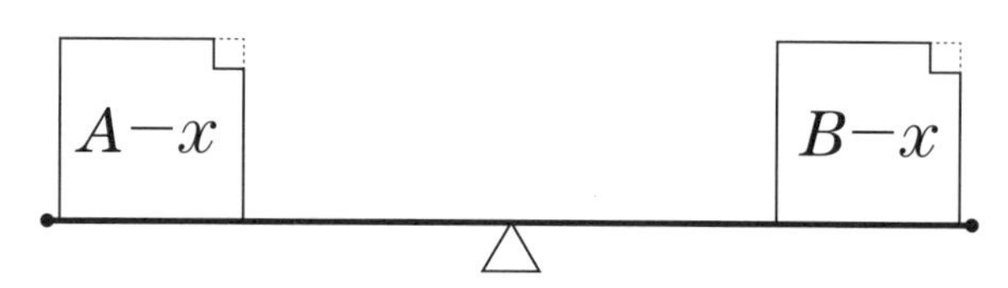

$$A=B \Rightarrow A-x=B-x$$

(3)　等式の左辺と右辺に同じ数をかけてもよい。

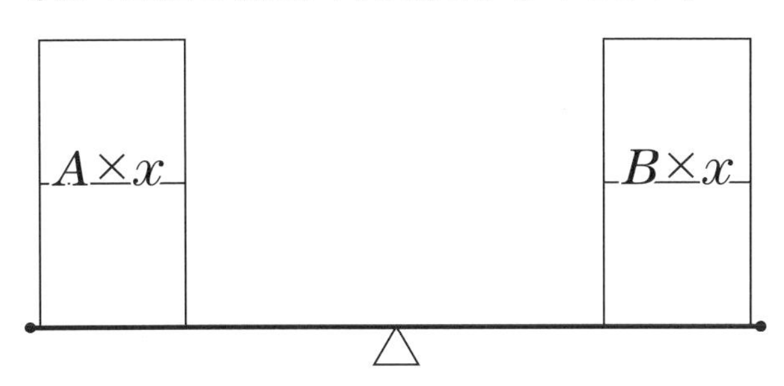

$$A=B \Rightarrow A\times x=B\times x$$

(4)　等式の左辺と右辺を0ではない同じ数でわってもよい。

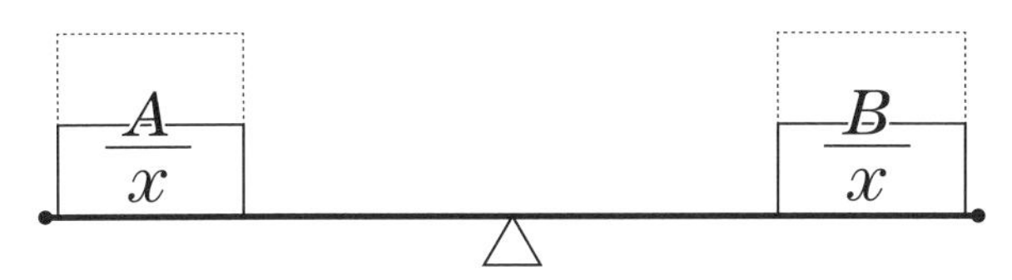

$A=B \Rightarrow \dfrac{A}{x}=\dfrac{B}{x}$　　ただし、xは0ではありません。

5 方程式における文字

中学数学における文字の使い方で、最もわかりやすく、役に立ちそうなのが、「方程式における文字」です。

「方程式」とは、わからない量や数を、ある関係式から求めることです。

じつは、この考え方は小学校低学年からいろいろ学習してきています。たとえば、3＋□＝5をみたす数□を求める問題などがそうです。

答えは、たし算の逆算がひき算であることを使って、□＝5－3＝2と求めました。

また、2×□＝18をみたす□を求めるのは、かけ算の逆算がわり算であることから、□＝18÷2＝9と計算するのでした。

中学校で習う「方程式」は、小学校で扱った□の部分を、文字xで置き換えて考えるだけです。

まずは、具体的な量を求める問題から考えていきましょう。

お風呂に、最初に20Lの水が入っていました。

1分間に2Lの水を入れるとして、全部で60Lになるには、何分かかるでしょうか？　という問題です。

求めたい時間をx分として、水の量についての関係式をつくり、xを求めてみましょう。

求めたい数を文字xで表すとき、xを「未知数」といいます。未知数は、xを使って表すことが多いのですが、他のどんな文字を使っても意味は同じです。

1分間に2Lだから、x分間ではどのくらいかを、まず考えます。

2L/分×x分＝2xL

最初に20L入っていたので、x分後の風呂の水は全部で、（20＋2x）Lとなります。

10分後の水の量を求めてみると、20＋2xのxに、10を代入してみて、20＋2×10＝20＋20＝40となり、60Lにはまだまだ足りません。

11分後、12分後、……20分後まで求めてみると、以下のような表になります。

xの値	10	11	12	13	14	15	16	17	18	19	20
風呂の水量	40	42	44	46	48	50	52	54	56	58	60

20分後に風呂の水量は60Lになりました。

これで目的は達したのですが、xにたくさんの値を入れて調べる代わりに、もう少し効率的にxの値を求める方法はないか考えてみましょう。

xは、風呂の水が60Lになる時間でしたから、次のような関係式が成り立ちます。

$$(20+2x)\mathrm{L}=60\mathrm{L}$$

この方程式を解くということは、$x=\square$という形にこの式を変形すればいいわけです。等式の性質を使って変形してみましょう。左辺の20をなくすにはどうすればいいでしょう?

等式の性質を使い、両辺から20をひいてみます。

$$\begin{aligned}(20+2x)-20&=60-20\\20-20+2x&=60-20\\2x&=40\end{aligned}$$

両辺から20をひく

左辺の$2x$の2をなくすために等式の性質を使って、両辺を2でわってみます。

$$\begin{aligned}2x\div2&=40\div2\\\frac{2x}{2}&=20\\x&=20\end{aligned}$$

両辺を2でわる

これでうまく、xの値が求められました。お風呂は、20分後に60Lになるわけです。

1次方程式を解く

いろいろな具体的な量の方程式を解くために、数の方程式の解き方を復習してみましょう。

（例1）　$x+3=8$

左辺をxだけにするために、両辺から3をひき算します。

$$x+3-3=8-3$$
$$x=5$$

この計算を見ると、左辺の＋3を右辺に持っていって、符号を変えて－3としたかのようです。

（例2）　$x-5=3$

左辺をxだけにするために、両辺に5を加えます。

$$x-5+5=3+5$$
$$x=8$$

この計算を見ると、左辺の－5を右辺に持っていって、符号を変えて＋5としたかのようです。

以上の計算で見たように、両辺にある数をたしたりひいたりすることは、形式的に見ると、「プラスマイナスの符号を変えて右辺に移した」ように見えます。形式的にこのように考えて計算してもいいことになります。このような操作を

「移項」といいます。

ただし、もともとは、等式の性質を利用しているということを忘れないように、ときどき注意する必要があります。

（例3）　$3x=15$

左辺をxだけにするために、両辺を3でわり算します。

$$3x \div 3 = 15 \div 3$$
$$x = 5$$

（例4）　$3x=7$

左辺をxだけにするために、両辺を3でわります。

$$\frac{3x}{3}=\frac{7}{3}$$

$$x=\frac{7}{3}$$

（例5）　$5x+7=37$

左辺をxだけにするために、まずは7を右辺に移項します（両辺から7をひく）。

$$5x=37-7=30$$

左辺をxだけにするために、今度は両辺を5でわります。

$$5x \div 5 = 30 \div 5$$
$$x = 6$$

（例6）　$8x + 7 = 5x + 2$

左辺をxだけにするために、右辺の$5x$を左辺に移項し、左辺の7は右辺に移項します。

$$8x - 5x = 2 - 7$$
$$3x = -5$$

最後に、左辺をxだけにするために、両辺を3でわり算します。

$$\frac{3x}{3} = \frac{-5}{3}$$
$$x = -\frac{5}{3}$$

この他にも、カッコがあったりする、いろいろな形の方程式を解いてみましょう。

（例7）　$7 - 4x = -3$

xの係数にマイナスがあっても同じです。まず左辺の7を右辺に移項します。

$$-4x=-3-7=-10$$

左辺をxだけにするために、係数の-4でわり算します。

$$\frac{-4x}{-4}=\frac{-10}{-4}$$

$$x=\frac{10}{4}=\frac{5}{2}$$

次のような問題では、左辺でも右辺でも、□x＋○となるように計算して整理します。

（例8）　$3(2-3x)=5-2(4-2x)$

はじめに両辺とも、カッコをなくして整理します。

$$3\times2-3\times3x=5-2\times4+2\times2x$$

$$6-9x=5-8+4x$$

$$6-9x=-3+4x$$

左辺の6を右辺に移項して-6とし、右辺の$4x$を左辺に移項して$-4x$とします。

$$-9x-4x=-3-6$$

$$-13x=-9$$

両辺を-13でわり算します。

$$x=\frac{-9}{-13}=\frac{9}{13}$$

（例9）　$\frac{1}{2}x+4=\frac{3}{5}x-2$

分数のままでたし算、ひき算するのは面倒ですから、このような場合は、まず、分数を整数にしてみます。

分母の2と5を同時になくすため、両辺に$2\times5=10$をかけましょう。

$$10\left(\frac{1}{2}x+4\right)=10\left(\frac{3}{5}x-2\right)$$

$$10\times\frac{1}{2}x+10\times4=10\times\frac{3}{5}x-10\times2$$

$$5x+40=6x-20$$

← $\frac{\overset{2}{\cancel{10}}}{1}\times\frac{3}{\cancel{5}}=6$
約分して整数に

これで分数がなくなりました。あとは今までと同じです。

$$5x-6x=-20-40$$ ←左辺の40、右辺の$6x$を移項する

$$-x=-60$$

$$x=60$$

両辺を−1でわる

未知数を表す文字がyでもやり方は同じです。

（例10）　$\frac{2y-3}{4}=\frac{8-y}{3}$

分母の3と4をなくすために、$3\times4=12$を両辺にかけます。

$$12 \times \frac{2y-3}{4} = 12 \times \frac{8-y}{3}$$ ← 約分して整数に

$$3(2y-3) = 4(8-y)$$

これで、分数がなくなりました。

カッコをはずして整理します。

$$3 \times 2y - 3 \times 3 = 4 \times 8 - 4 \times y$$

$$6y - 9 = 32 - 4y$$

移項して整理します。

$$6y + 4y = 32 + 9$$

$$10y = 41$$

$$y = \frac{41}{10}$$

TeaTime　間違えやすい計算

式を変形していくとき、次のように表す人がいます。

$$\frac{3x-4}{2}=\frac{x+5}{3}$$
$$=3(3x-4)=2(x+5)$$
$$=9x-12=2x+10$$
$$=7x=22$$
$$=x=\frac{22}{7}$$

このように、式をすべて＝で結んでいく人は、＝の記号を、単に「は」の意味と考えているのでしょう。

数学で扱う＝は、＝の左側(左辺)にある数と、右側(右辺)にある数とが等しいという意味を表していて、何々「は」という、「は」の代わりではないのです。

じつは、小学校でもこのような間違った使い方をしている場合があります。

$17 \div 3 = 5$ … 余り2

と書き表している教科書がほとんどです。この式で、右辺はどんな数を表しているか定かではありません。

この式は、数学の式としては意味をなしていないのです。もちろん、$17=3\times5+2$という式は正しいのですが。

こんな変な式を見てきた方は、＝を「は」の意味と誤解してしまっても仕方ありません。「数学」を学んでいるのですから、＝は、本当の意味で、「左辺と右辺が等しい」場合だけに使いましょう。

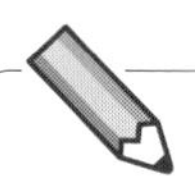

練習問題2-6　次の方程式を解いて、xの値を求めてください。

（1）　$x-4=9$

（2）　$2x=14$

（3）　$5x+2=3x+8$

（4）　$3(2x-6)+9=2(x+5)-15$

（5）　$\dfrac{5x+6}{3}=\dfrac{3x+19}{4}$

答は246ページ

6 具体的な量を求める方程式

具体的な量を考える問題を解いて、方程式に慣れていきましょう。

1 「単価」×「数量」＝「金額」

（1）「太郎くんははじめに1000円持っていました。1冊90円のノートを何冊か買ったので、今は550円しかありません。ノートを何冊買ったでしょうか？」

この問題を、未知数を使った方程式で解いてみましょう。

求めたいノートの冊数をx冊とします。「単価」×「数量」＝「金額」で、1冊90円のノートでしたから、太郎くんの買ったノートの代金は、$90x$円と表せます。

はじめに持っていた1000円からこのノートの代金を引くと、550円になったので、この関係を式で表すと次のようになります。

$$1000-90x=550$$

この関係式、つまり、数の方程式が得られれば、これまで学んだ方程式の解き方にしたがって、xが求められます。

$$-90x=550-1000=-450 \quad \leftarrow \text{+1000を右辺に移項する}$$

$$\frac{-90x}{-90}=\frac{-450}{-90} \quad \text{両辺を(−90)でわる}$$

$$x=\frac{450}{90}=5$$

太郎くんが買ったノートは、5冊であることがわかりました。

(2)　「花子さんの家は大家族です。花子さんは、リンゴを買うとき使える200円分のクーポン券と、ミカンを買うときに使える300円分のクーポン券を持って、八百屋さんに買い物に行きました。1個30円のリンゴと1個20円のミカンを、両方ともクーポン券も使って、家族の人数分の個数だけ買いました。クーポン券を使うと、リンゴとミカンの代金は同じになりました。花子さんの家族は何人でしょうか？」

花子さんの家族の人数をx人として、問題の関係を式で表してみます。

まず、リンゴの代金は、１個30円のものをx個買ったので、$30x$円ですが、これに200円分のクーポン券を足して、$30x+200$円となります。

ミカンの代金も同じように、1個20円のものをx個買って、さらに300円分のクーポン券も使ったので、合計で$20x+300$円となります。

リンゴとミカンの代金が等しかったというのですから、次の等式が成り立ちます。

$$30x+200=20x+300$$

$20x$を左辺に移項して、200を右辺に移項します。

$$30x-20x=300-200$$
$$10x=100$$
$$x=10$$

これで、花子さんの家族の人数は10人であることがわかりました。

(3)　「専用の容器に入っている石鹸液と、中身は同じで、詰替用の容器に入っている石鹸液があります。専用の容器に入っているほうが、詰替用より90円高い値段がついています。次郎くんが、専用の容器の石鹸液を1個と、詰替用に入っている石鹸液2個を購入したところ、代金は690円でした。専用の容器の石鹸液の値段と、詰替用の容器に入っている石鹸液の値段はいくらだったでしょうか？」

詰替用の容器の石鹸液の値段をx円とすると、専用の容器に入った石鹸液の値段は、$x+90$円となります。

それぞれの代金を表してみます。詰替用の代金は、x円/個×2＝$2x$円、となります。

専用の容器のほうは、$(x+90)$円/個×1＝$(x+90)$円となります。両方合わせて690円だったので、次の等式が成り立ちます。

$$2x+(x+90)=690$$

この方程式を解けばいいわけです。整理して、

$$3x+90=690$$

90を右辺に移項して、

$$3x=690-90$$
$$3x=600$$

両辺を3でわって、

$$x=200$$

詰替用の石鹸液が200円、専用の容器の石鹸液が200＋90＝290円であることがわかりました。

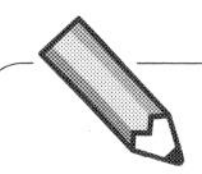

練習問題2-7

一郎くんは、2000円を持って文房具を買いに行きました。1冊300円するノートを何冊か買ったら、残りは500円になってしまいました。一郎くんは、このノートを何冊買ったのでしょうか？

答は246ページ

2 「速さ」×「時間」＝「距離（道のり）」

この量の計算も小学校で学びました。たとえば、30km/時×2時間＝60kmという関係でした。

（1）　「花子さんは、家から学校へ向かって、60m/分の速さで歩いていきました。5分後に、お母さんが、花子さんが忘れ物をしていったのに気がついて、自転車で追いかけました。自転車の速さは160m/分でした。お母さんは、花子さんが学校へ着くまでに追いつくことができました。お母さんは、自転車で追いかけはじめて、何分後に花子さんに追いついたでしょうか？」

求めたい時間、すなわち、お母さんが自転車で花子さんに追いつくまでに走った時間をx分とします。

お母さんが花子さんに追いつくまでに、花子さんが歩いた時間は、$5+x$分です。花子さんが歩いた距離は、60m/分×$(5+x)$分＝$60(5+x)$mです。

この同じ距離を、お母さんは分速160m/分で、x分自転車を走らせたので、走った距離は160m/分×x分＝$160x$mとなります。

花子さんが歩いた距離と、お母さんが自転車を走らせた距離は等しいので、次の等式が成り立ちます。

$$60(5+x)=160x$$

あとは、この方程式を解けばいいわけです。左辺を整理します。

$$60\times 5+60\times x=160x$$
$$300+60x=160x$$

300を右辺に、$160x$を左辺に移項します。

$$60x-160x=-300$$

$$-100x=-300$$

両辺を－100でわり算します。

$$x=\frac{-300}{-100}=3$$

お母さんは、3分後に花子さんに追いついたことがわかります。

（2）　「海岸にある2つの観光都市A市とB市を往復する遊覧船があります。A市からB市へ行くときは40km/時で走り、B市からA市へ行くときは30km/時で走ります。往復時間は、2時間20分です。さて、A市とB市の間を船が進む距離はどのくらいでしょうか？」

求めたい距離を$x$kmとします。このxを使って、往復時間が2時間20分であることを表してみましょう。

「速さ」×「時間」＝「距離(道のり)」という関係から、$x$kmを40km/時の速さで進むと、A市からB市へ行くときには次の式が成り立ちます。

$$40\text{km/時}\times「時間」=x\,\text{km}$$

この式の両辺を40でわると、「時間」が次のようにxを使って表せます。

「A市からB市へ行く時間」$=\dfrac{x}{40}$

同じように考えると、B市からA市へ行く時間は$\dfrac{x}{30}$で表せます。往復で、2時間20分$=\left(2+\dfrac{20}{60}\right)$時間$=\left(2+\dfrac{1}{3}\right)$時間$=\dfrac{7}{3}$時間かかりますから、次の式が成り立ちます。

$$\frac{x}{40}+\frac{x}{30}=\frac{7}{3}$$

あとは、この方程式を解くだけです。30と40の分母をなくすために、両辺に120をかけます。

$$3x+4x=\frac{7}{3}\times 120$$
$$7x=280$$
$$x=40$$

A市とB市は40km離れていることがわかりました。

量の問題を解くのに、いつも「求めたい量」をxと置けばいいとは限りません。等式がつくりやすいように、求めたい量と関係した量をxと置くのもいい考えです。

この問題では、A市からB市へ行くのにかかった時間をx時間と置くことでもできます。このxを使うと、A市とB市の距離は、「速さ」×「時間」＝「距離(道のり)」をそのまま使って、$40\times x$kmであることがわかります。「速さ」×「時間」＝「距離(道のり)」

の関係を変形せずにそのまま使えるというメリットがあります。

B市からA市に戻る時間は、全体の時間が、$\frac{7}{3}$時間でしたから、これを使うと、2つの市の距離は次のようにも表せます。

$$30\times\left(\frac{7}{3}-x\right)\text{km}$$

同じ距離を2通りの方法で表せたので、次の等式が得られます。

$$40x=30\left(\frac{7}{3}-x\right)$$

この方程式を解くために、右辺を整理します。

$$40x=30\times\frac{7}{3}-30\times x$$

← 配分の決まりを使ってカッコをはずす

$$40x=70-30x$$

$(-30x)$を移項する

$$40x+30x=70$$

$$70x=70$$

両辺を70でわる

$$x=1$$

A市からB市へ行くのに1時間かかるので、距離は、「速さ」×「時間」＝「距離」でしたから、40km/時×1時間＝40kmとなります。これが求めたかった、A市とB市の距離です。

練習問題2-8

次郎くんは、毎分90mの速さで学校へ歩いていきました。兄の一郎くんは、次郎くんが忘れ物をしていったのに気がついて、3分後に毎分180mの速さで自転車で追いかけました。一郎くんは、何分後に次郎くんに追いつけるでしょうか。

答は246ページ

3 「密度」×「体積」＝「重さ」

「密度が2g/cm^{3}の物質Aと、密度が4g/cm^{3}の物質Bを合わせたところ、密度が2.8g/cm^{3}の物質Cが500cm^{3}できました。物質Bの体積cm^{3}は、物質Aの体積より100cm^{3}少なかったとき、物質AとBの体積を求めてください」

「解答」は次のようになります。

物質Aの量を$x$cm^{3}としましょう。このとき、物質Bの量は$(x-100)$cm^{3}となります。

物質Aの重さは、「密度」×「体積」＝「重さ」より、2g/cm^3×$x$cm^3＝$2x$gとなります。

物質Bの重さも同様にして、4g/cm^3×$(x-100)$cm^3＝$4(x-100)$gとなります。

AとBを合わせたCの重さは、次のようになります。

$$2.8\text{g/cm}^3 \times 500\text{cm}^3$$

Aの重さとBの重さを足した重さが、この量に等しいはずですから、次の等式が成り立ちます。

$$2x+4(x-100)=2.8\times500$$

整理すると次のようになります。

$$2x+4x-400=1400$$
（−400）を右辺に移項する
$$6x=1800$$
両辺を6でわる
$$x=300$$

物質Aの体積が300cm³で、物質Bの体積は300−100＝200cm³であるとわかりました。

4 「濃度」×「溶液の重さ」=「溶質の重さ」

「2%の食塩水A（100g）に、5%の食塩水Bをどのくらい加えれば、4%の食塩水Cができるでしょうか？」

「解答」は次のようになります。

5%の食塩水をxg加えたとします。「濃度」×「食塩水の量」＝「食塩の量」なので、2%の食塩水に含まれる食塩の量は、$\frac{2}{100}\times100\text{g}=2\text{g}$となります。

同様に、5%の食塩水に含まれる食塩の量は次のようになります。

$$\frac{5}{100}\times x$$

合わせたときの食塩水の量は、(100＋x) gとなりますから、食塩の量は次のようになります。

$$\frac{4}{100}\times(100+x)$$

Aの食塩の量とBの食塩の量を加えればCの食塩の量になりますから、次の等式が得られます。

$$\frac{2}{100}\times 100+\frac{5}{100}\times x=\frac{4}{100}\times(100+x)$$

両辺に100をかけます。

$$200+5x=4(100+x)$$

分配の決まりを使ってカッコをはずす

$$200+5x=400+4x$$

$4x$を左辺に、200を右辺に移項する

$$5x-4x=400-200$$

$$x=200$$

食塩水Bを、200g加えればよいことがわかりました。

練習問題2-9

3%の食塩水が200gあります。これに4%の食塩水を何gか加えて、3.6%の食塩水をつくりたいと思います。4%の食塩水を何g加えればいいでしょうか。

答は247ページ

TeaTime　量の問題

数学を何のために学ぶのでしょうか。さまざまな理由が考えられますが、ひとつの理由は、「日常生活や諸科学で役に立つ」ということです。

日常生活や諸科学で扱うのは、数ではなくて、量なのです。5g＋3g＝8gというのは、日常生活でも目にする、量の関係です。

純粋な数学が扱うのは、3＋5＝8という、数の関係です。でも、量と数の2つは切っても切れない関係です。

数学で、「応用問題」とか「文章題」というときには、量と数の区別でいうと、「量の問題」なのです。数学を学ぶときには、このような「量の問題」も扱います。「量の問題」は、いろいろな「量の法則」が関係してくるのです。

それが、この節で紹介した例です。

国際的な数学の学力調査をすると、日本の学生はこのような「文章題」が苦手である、という結果が出ます。その大きな理由は、「量の問題」をきちんと整理して、数学のカリキュラムのなかに取り入れていないことです。

ここでは、そのような日本の数学教育の現状を考え、「量の諸関係」を整理してみました。

これで、皆さんが文章題を解く力が向上することを願っています。

7 変数としての文字、関数を表す文字

「関数」は、英語ではfunctionといい、「機能」とか「働き」といった意味の言葉です。

たとえば、日常でも次のように使います。

The function of education is to develop the mind.
(教育の目的は精神を発達させることである。)

the function of the heart（心臓の働き）

organic functions（器官の機能）

functionという英語は日常でもよく使われます。

「関数」という日本語が、数学の用語としてしかほぼ使われないのとは大きな違いです。

もともと、少し前までは、「関数」ではなくて、「函数」と書き表していました。「函数」という用語は中国から直輸入したものです。中国では、functionと発音が近いことから、当て字として、「函数」を用いていただけでした。それを日本ではそのまま使っていたのです。

さて、関数がどのようなものか考えるために、次のような箱(ブラックボックス)を想像してみましょう。

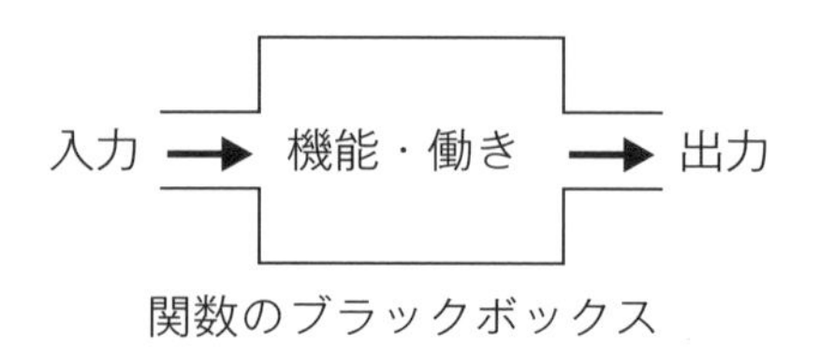

関数のブラックボックス

この箱は、何かを「入力」すると、「機能・働き」によって、処理されたものが「出力」される「装置」です。

たとえば、電車の切符を購入する際に、現金を「入力」すると、機械が処理して、その金額で乗車できる区間の切符が「出力」されます。これも「機能・働き」をもった装置といえます。

家に帰ってきて、玄関のドアを開ける(「入力」)と、ペットの犬や猫が出迎えてくれるという「出力」が得られたりするのも同じかもしれません。

次に、「機能・働き」の意味を少し限定して、入力も出力も、「量とその大きさ」としてみましょう。

(1)　たとえば、購入したノートの冊数を入力すると、代金が出力される場合。

箱は、ノートの単価をかけ算して代金を計算する機能を持ちます。

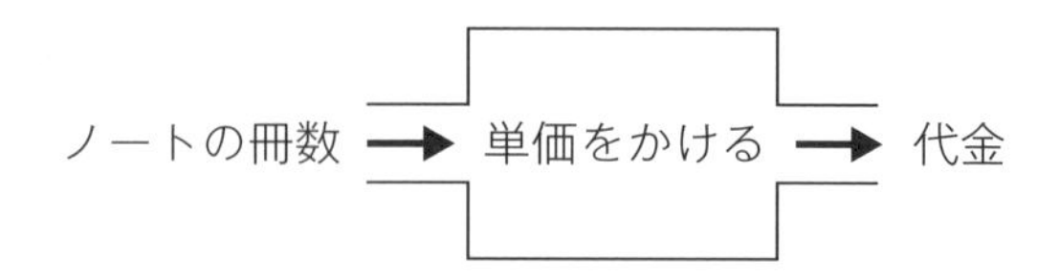

購入数量から代金を求める「量と量との間の法則」が、「機能・働き」にほかなりません。

(2)　時速60kmで、高速道路を一定の速度を保ちながら走った「時間」に対して、走行した「距離」は、次の式から求められます。

「距離km」＝60km/時×「時間」

この場合は、「入力」が「走った時間」であり、「出力」が「走った距離」となります。「機能・働き」は、「時速をかける」ということになります。

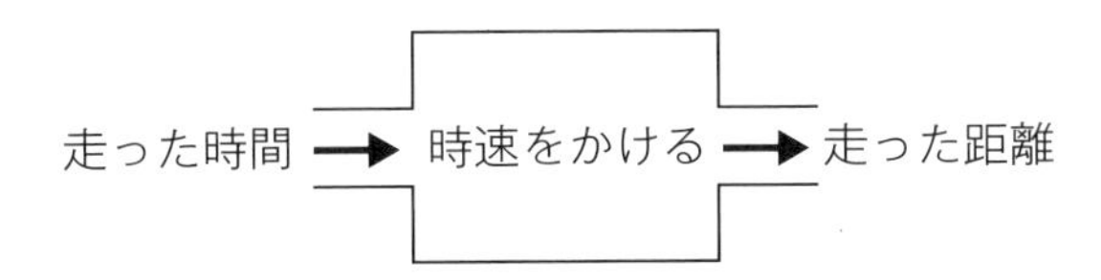

TeaTime 関数とは何か？

中学で数学が嫌いになった高校生や大学生に聞くと、「関数からわからなくなった」という人がたくさんいます。

たしかに、「関数」は、「機能とか働きのこと」といわれても、抽象的で、つかみどころがないと感じる人が多いかもしれません。

その「働き」を少しでもわかりやすくするのが「ブラックボックス」です。ブラックボックスを実際の箱を使って表して、教具をつくっている先生もいます。

上からカードを入れると、関数の働きによって変換されたカードが下から出てくる仕組みです。入れたカードが途中でひっくり返って裏が出てくるだけの簡単な教具ですが、これで、抽象的な「関数の概念がわかった」という生徒もいるのです。強力な教具ともいえます。

箱の作り方をネットで公開している先生もいるので、興味のある方は探してみるといいでしょう。

以上の２つの例は、入力も出力も「量」です。「機能・働き」は、２つの量の間に成り立つ、「量の間の法則」なのです。

「数」から別の「数」を導くときのこの法則のことを関数といいます。

以下の２つの例について、入力と出力の関係を調べてみましょう。入力の数をいろいろ変えてみて、出力の数を表にまとめてみます。

(1)　売価が１冊90円のノートの購入冊数と、代金の関係は次のようになります。

ノートの冊数	0	1	2	3	4	5	6	7
代金(円)	0	90	180	270	360	450	540	630

入力する数(この場合はノートの冊数)はどんどん変化していくので、それをxという文字を使って表してみましょう。入力がxのときの出力(代金)はyと表します。yは次の式で定まっています。

$$y=90x$$

xは、それだけでは特定の数を表しているわけではなく、xにはいろいろな数を入れることができます。このようなとき、xを「変数」といいます。yも「変数」です。

$y=90x$において、$x=5$とすると、yは次のように定まります。

$$y=90\times5=450$$

(2)　時速60kmで走った「時間」と「距離」の関係は次のようになります。

走った時間(時間)	0	1	2	3	4	5	6	7
走った距離(km)	0	60	120	180	240	300	360	420

ここで、入力(走った時間)はどんどん変化していくのですが、それを文字xで表してみましょう。入力がxのときの出力(距離)はyで表し、yは次の式で定まります。

$$y=60x$$

変数を表す文字は、このような関数を表すための道具にほかなりませんから、どのような文字を使ってもかまいません。なので、

$$s=60t$$

と表してもよいのです。$y=60x$と$s=60t$は、まったく同じ関数なのです。

xは、それだけでは特定の数を表しているわけではないのですが、xにはいろいろな数を入れることができます。$y=60x$において、$x=3$とすると、yは次の値として定まります。

$$y=60\times3=180$$

8 正比例関数

1 関数とは何か？

中学の数学に関するアンケートで、「わからなくなったのは関数から」という生徒が一番多かったという調査結果があるほど、関数はわかりにくい概念です。

前節と重複するところもありますが、ここでもう一度、関数の説明をしておきましょう。

「関数」というのは、「入力」したxに対して、どういう操作を施してyとして「出力」するかという、「働き」·「操作」のことなのです。たしかに、関数は目に見えるような具体的な「物」ではないのでわかりにくいわけです。

この関数の働きをうまく表現するモデルが、前に紹介した図のようなブラックボックスです。

イメージできない方は、カードを入れると関数の働きで別のカードが出てくるような教具をつくるといいかもしれません。作り方はインターネットで探せばいろいろと出てくるので、参考にするといいでしょう。

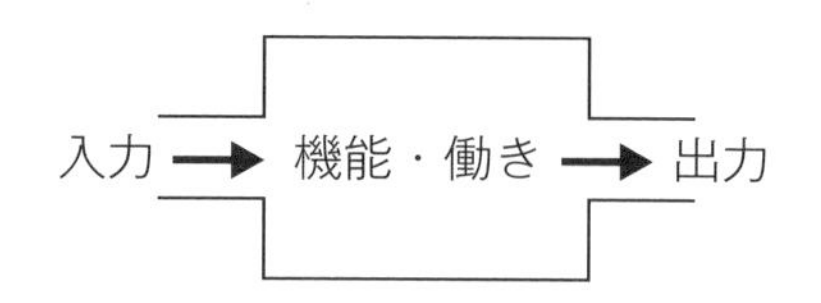

このブラックボックスを、正比例関数や、後で学ぶ1次関数にあてはめて考えてみましょう。

2 正比例関数とは

xの値をいろいろ入力すると、ブラックボックスの出口から出てくる数が次のようになる関数があるとします。

入力xの値	0	1	2	3	4
出力yの値	0	3	6	9	12

×3

入力した数を3倍して出力する働きがあることがわかるでしょう。

「関数」というのは、このような「働き自身」なのです。この関数において、xが、$x=2$から、2倍、3倍の、$x=4$、$x=6$となったときのyの値を調べてみましょう。

$x=2$のとき、$y=3\times2=6$となります。

$x=4$のときには、$y=3\times4=12$となります。

つまり、xの値が2倍になると、yの値も2倍になっています。

xが3倍の6になると、$y=3\times6=18$　となり、yは6

の3倍になります。

このように、入力xが2倍、3倍、4倍、5倍になると、出力yの値も、2倍、3倍、4倍、5倍になるのです。このような関数を「正比例関数」といいます。

一般に、$y=\square x$という形の関数は、同じ性質が成り立ち、すべて、「正比例関数」といいます。

□には、どのような数が入ってもいいので、次のように文字で表してもいいのです。

$$y=ax$$

aの値をひとつ決めると、正比例関数がひとつ定まることになります。

このとき、「yはxに正比例する」もしくは、単に、「yはxに比例する」といいます。また、aのことを「比例定数」といいます。

比例定数は、小数でも、分数でも、負の数でもかまいません。

正比例関数をイメージするために、次のような水槽を考えてみましょう。

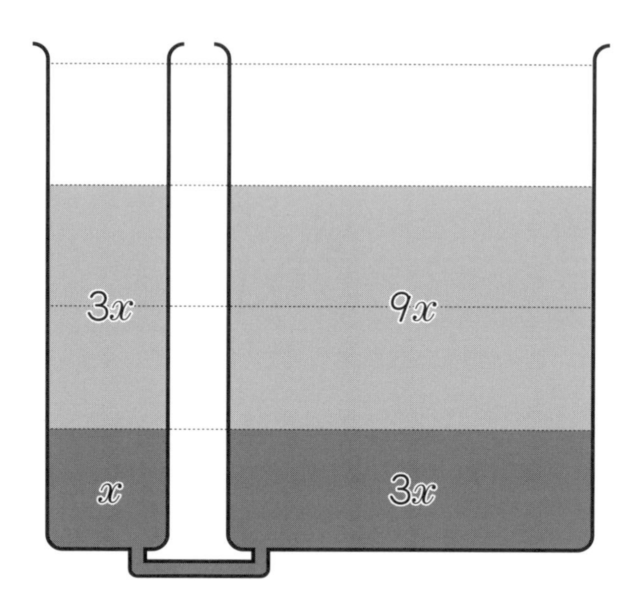

左の水槽と右の水槽は、下部の細い管でつながっていて、左の水槽に水を入れると、右の水槽にも同じ高さまで水がたまるようになっています。

左の水槽の水の量が「入力」で、右の水槽の水の量が「出力」となるわけです。左の水槽の量がxならば、右の水槽の量は$y=3x$となります。

ここで、左の水槽の水の量を3倍にして、$x\times3=3x$とすると、右の水槽の水の量はやはり3倍になり、$3x\times3=9x$となります。

練習問題2-10

(1)　比例定数が$a=4$の正比例関数$y=ax$において、xの値が次のように変化した場合の、yの値を求めて、表を完成させてください。

入力xの値	0	1	2	3	4
出力yの値					

(2)　xの変化に伴って、yが次の表のように変化していく場合、yは、xに正比例しているでしょうか？　比例しているなら、比例定数はいくつですか。yをxの式で表してください。

入力xの値	0	1	2	3	4
出力yの値	0	0.5	1	1.5	2

答は248ページ

3　変数から未知数への役割の変化

風呂へお湯を入れるのに、毎分10Lの速さで入れるとすると、x分間では、$y=10x$Lたまります。文字x、yは変数で、いろいろな値をとることができます。

240Lためるには何分かかるかという問題のときは、$y=240$と、定まった値を考えることになります。変数を特定の値に固定するのです。

240Lためるには何分間お湯を入れればよいかは、$y=10x=240$となるxを求めることになります。この式$10x$

$=240$におけるxは、もはや「いろいろな値」をとれるわけではありません。ある特定の値をとるので、「変数」ではなく、「未知数」となります。

正比例関数$y=3x$において、$y=12$となるときのxは、方程式$3x=12$を解いて得られることになります。「変数」から「未知数」へ、文字の役割が変化したのです。

このように、状況によって、文字の役割も変化してしまうのです。数学ではこのようなことが頻繁に起きるので、頭を柔らかくしておかなければなりません。

変化する事態に臨機応変に対応できる、「思考の柔軟性」を確保しておきたいものです。数学ができるようになるためには、「テキトウニ」考えることも必要なのです。あまり細かいことにとらわれないことも大切です。

「数学は論理的な学問だからそんなはずはない」と考える人が多いかもしれませんが、意外にそうではないのです。いろいろなことをいい加減にやっている人が、意外と数学がよくできることがあります。

数学ができる人は、「論理的なこと」と「非論理的なこと」を、うまく共存させているのです。

9 変数と関数のグラフ

変数や関数の概念を、文字だけで扱っていたのではわかりにくいと思います。そこで、変数や関数を目に見えるようにしてみましょう。

xとyといった、性質の違う２つの数を表現するためには、次ページのようなグラフを用意します。

xは左右の方向に、yは上下の方向に動くとします。

京都や札幌は、街をつくる前に道路の位置を決めたので、東西南北に整然と道路が走っています。なので、街中の場所を「東西の何々通り」と「南北の何々通り」の交錯した地点として表すことができます。

囲碁や将棋でも、横と縦の通りで石や駒の位置を表しています。

上下左右に直線を引いた次のようなグラフを、「座標平面」といいます。

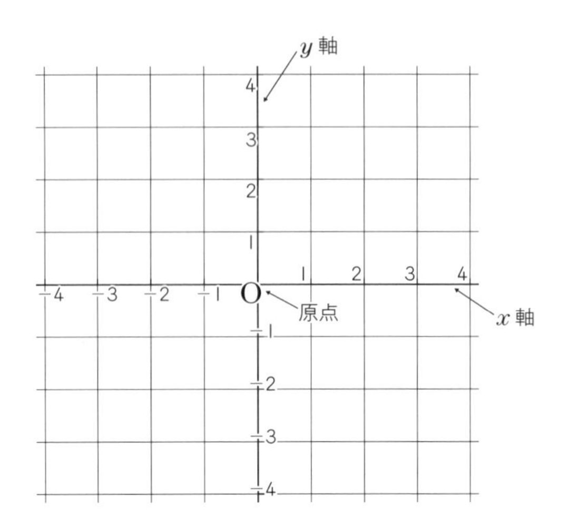

横方向の値をx座標、縦方向の値をy座標といい、$x=3$、$y=2$のときの座標平面上の位置を(3,2)と表します。

(0,0)は、「原点」と呼ばれ、Oで表します。

この座標平面に、4つの点、A (3,2)、B (−2,3)、C (−3,−3)、D (2,−2)を図示すると、次のようになります。

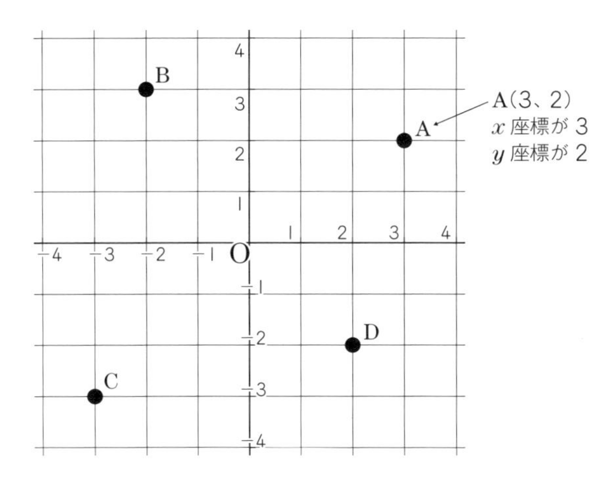

比例定数が正の正比例関数のグラフ

さて、正比例関数$y=2x$を、座標平面上にどのように表したらよいでしょうか？

xの値は、いろいろな値をとり、整数はもちろん、小数でも、分数でも、負の数でもいいわけです。無限に点を描き込むことはできませんから、とりあえず、$x=-2$から$x=2$までの値に対するyの値を計算して、それらを座標として点をとってみます。

xの値	-2	-1.5	-1	-0.5	0	0.5	1	1.5	2
yの値	-4	-3	-2	-1	0	1	2	3	4

これらの点を座標平面上に図示すると、次のようになります。

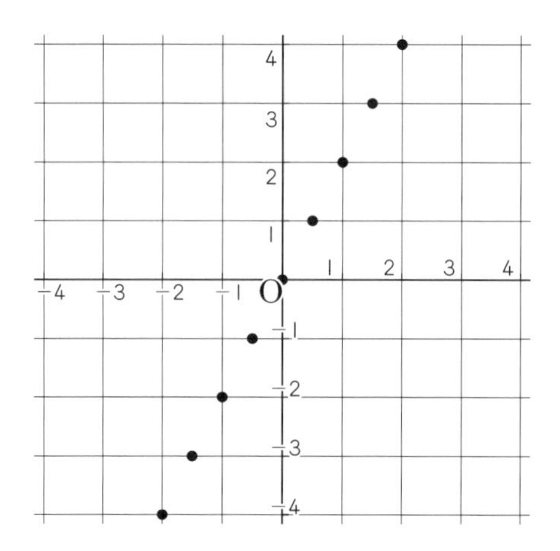

さらに、xの値を細かく0.1刻みにすると、グラフは次のようになります。

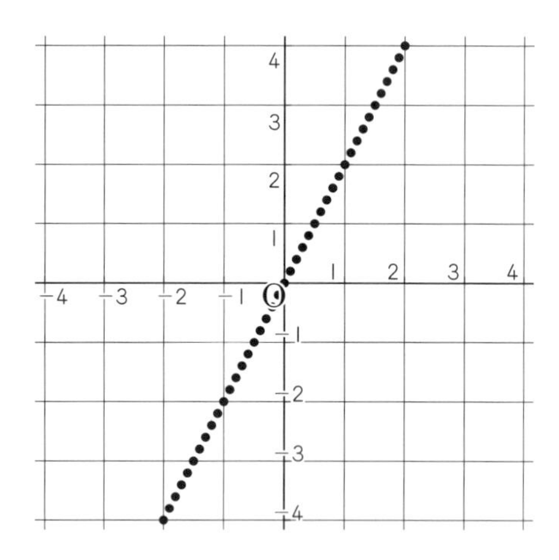

さらにさらに、xの値を細かくとって、0.001刻みにすると、グラフは次のようになります。これは「直線」といっていいでしょう。

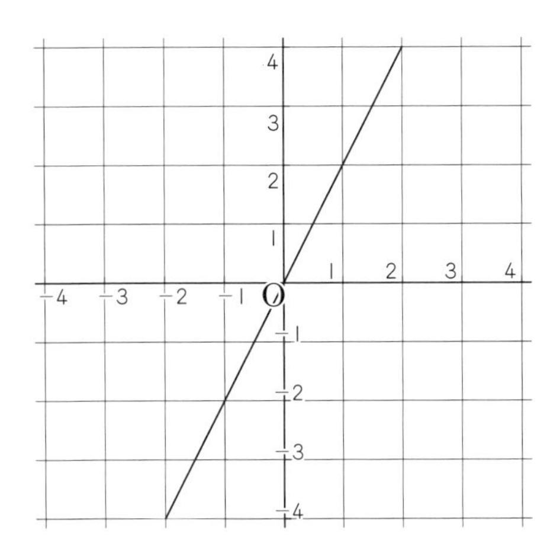

関数のグラフとは、原理的には入力xの値を「無限に」とり、そのときの出力yの値をセットにして、座標平面上で点(x,y)をとって結んだものなのです。

上の例で見たように、正比例関数のグラフは、直線となります。

比例定数がいろいろな値をとると、グラフの直線がどのように変わるかを調べてみましょう。

$y=ax$の比例定数aが、$a=8$、$a=4$、$a=2$、$a=1$、$a=\frac{1}{2}=0.5$、$a=\frac{1}{4}=0.25$、$a=\frac{1}{8}=0.125$、のときのグラフは次のようになります。

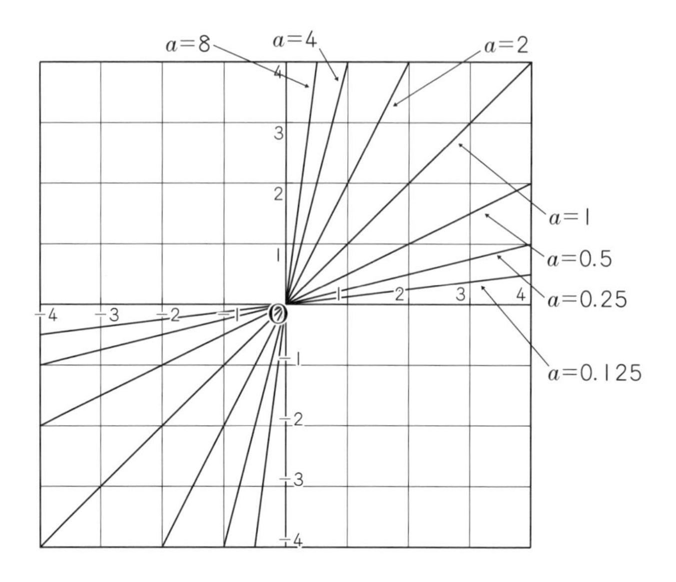

比例定数の値が大きくなっていくと、直線が次第に急勾配になっていくことがわかります。

直線が急勾配かなだらかなのかの程度を表すには、$x=1$のときのyの値を基準にするとよいでしょう。

$y=ax$では、$x=1$のとき$y=a$となるので、比例定数と同じ値です。この値を「直線の傾き」といいます。

上のグラフは、比例定数が正(プラス)の値であり、グラフの直線の傾きも正の場合です。xの値が正のときは、yの値も正になります。xの値が負(マイナス)の値になると、yの値も負になります。

比例定数が負の正比例関数のグラフ

比例定数が負の数の場合、たとえば、-2の正比例関数y

$=-2x$のグラフを描いてみましょう。

$x=-2$から$x=2$までの値に対するyの値を計算して、それらを座標として点をとってみます。

xの値	-2	-1.5	-1	-0.5	0	0.5	1	1.5	2
yの値	4	3	2	1	0	-1	-2	-3	-4

これらの点を、座標平面上に図示すると次のようになります。

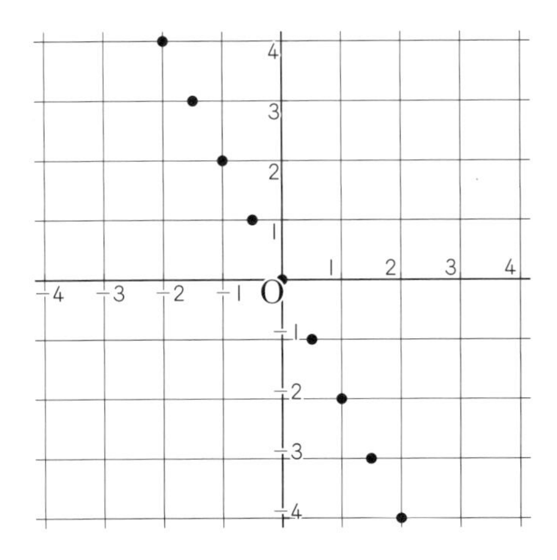

さらに、xの値を細かく0.1刻みにすると、グラフは次のようになります。

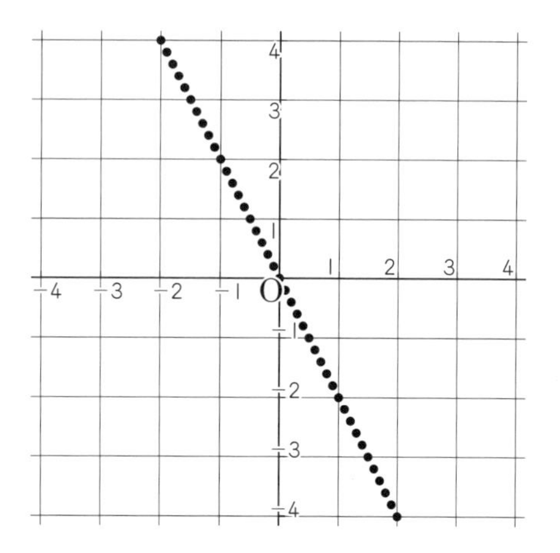

さらにさらに、xの値を細かく0.001刻みにすると、グラフは次のようになります。これは「直線」といっていいでしょう。

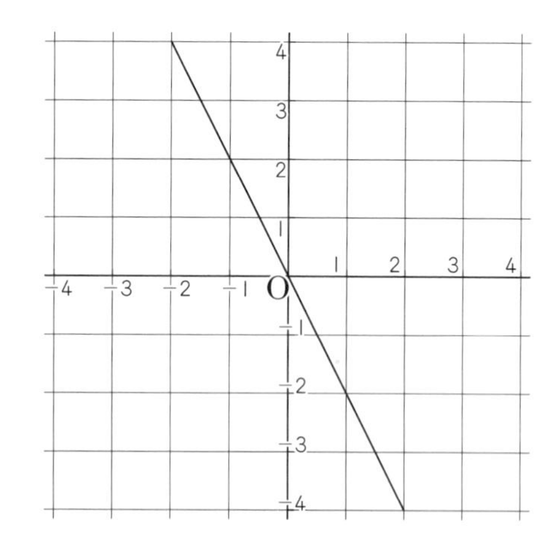

関数のグラフとは、原理的には入力xの値を「無限に」とり、そのときの出力yの値をセットにして、座標平面上で点

(x,y)をとって結んだものなのです。

この例で見たように、正比例関数のグラフは直線となりますが、比例定数が正の場合と違って、右下がりの直線になります。

比例定数が負のいろいろな値をとると、グラフの直線がどのように変わるかを調べてみましょう。

比例定数aが、$a=-8$、$a=-4$、$a=-2$、$a=-1$、$a=-\dfrac{1}{2}=-0.5$、$a=-\dfrac{1}{4}=-0.25$、$a=-\dfrac{1}{8}=-0.125$、となるときのグラフは次のようになります。

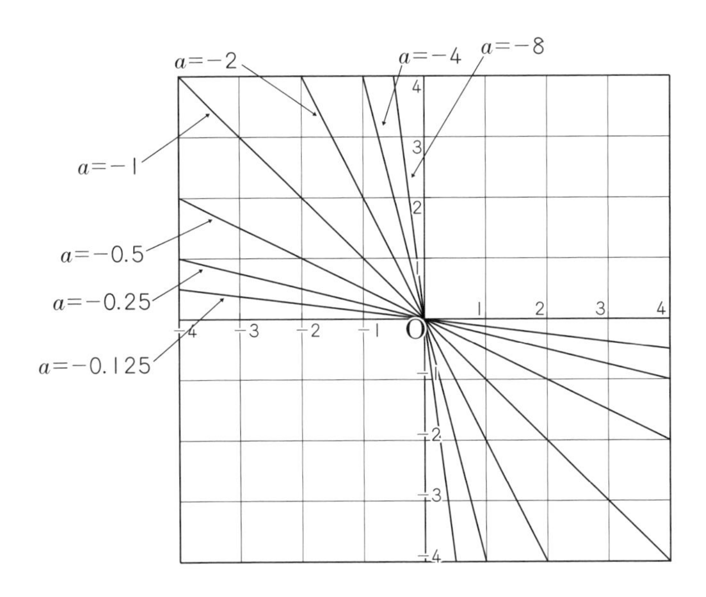

比例定数の絶対値が大きくなっていくと、直線が次第に急勾配になっていくことがわかるでしょう。

正比例の関数のグラフは、傾きが$\frac{1}{3}$で、$y=\frac{1}{3}x$の場合、$x=3$のとき$y=1$となるので、原点から、x方向へ3進むと、y方向へ1進みます。直線のグラフを描くには、原点(0,0)と点(3,1)を結べばよいことになります。

傾きが$\frac{3}{4}$で、$y=\frac{3}{4}x$の場合は、$x=4$のとき$y=3$となるので、原点から、x方向へ4進むと、y方向へ3進みます。原点(0,0)と点(4,3)を結べば、$y=\frac{3}{4}x$のグラフが描けます。

$y=-3x$のグラフを描くには、原点(0,0)と点(−1,3)を結んだ直線を描けばよいことになります。

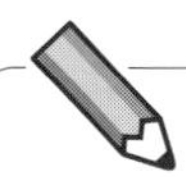

練習問題2-11　次の正比例関数のグラフを描いてください。

(1)　$y=3x$

(2)　$y=-x$

(3)　$y=\frac{1}{2}x$

(4)　$y=-\frac{1}{2}x$

答は248ページ

10 反比例関数

関数は、入力xから出力yが導かれる「法則」でしたが、最初から「$y=$」という形をしているとは限りません。

たとえば、長方形の横の長さを$x$cm、縦の長さを$y$cmとします。

面積が12cm²となるとき、xとyの関係は、次のように表せます。

$$xy=12$$

この関係式から、$y=$の形にすることは容易です。両辺をxでわれば次のようになります。

$$y=\frac{12}{x}$$

これは、長方形の面積が12cm²で、横の長さをxとしたとき、縦の長さyを定める法則にほかなりません。

入力の変数xのいろいろな値に対する出力yの値を求めると、次のようになります。

xの値	1	2	3	4	5	6	7	8	9	10	11	12
yの値	12	6	4	3	$\frac{12}{5}$	2	$\frac{12}{7}$	$\frac{3}{2}$	$\frac{4}{3}$	$\frac{6}{5}$	$\frac{12}{11}$	1

これらの点を図示すると次のようになります。

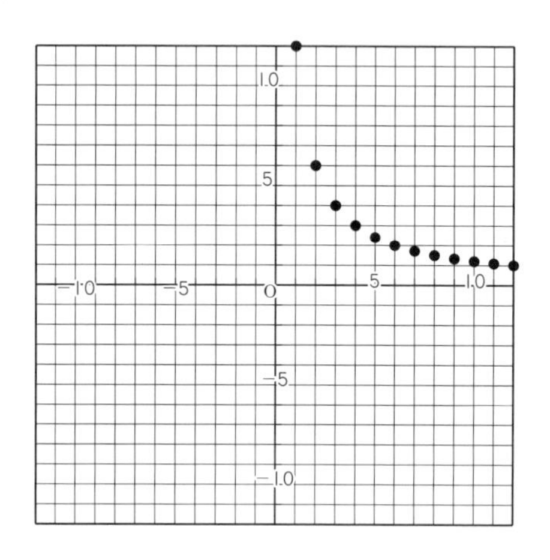

xの値をもっと細かくして、0.1刻みにすると、次のようになります。

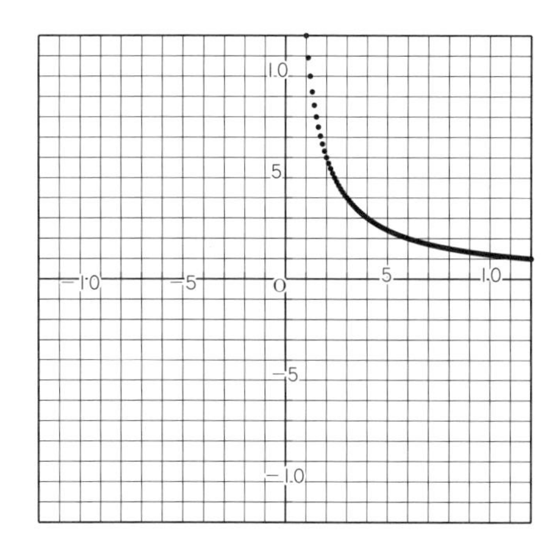

xの値をさらにもっと細かくして、0.01刻みにすると、次のようになります。

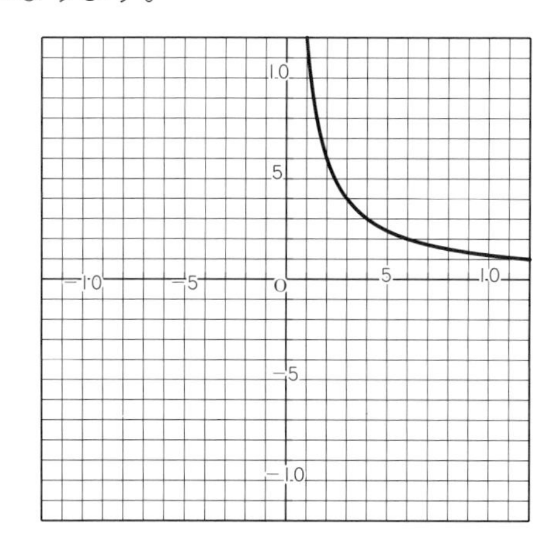

繋がった曲線のようになります。

一般に、$y=\dfrac{a}{x}$と表せる関数を、反比例関数といい、yはxに反比例するともいいます。

さらに、aを「比例定数」と呼びます。反比例の場合でも比例定数といいます。

比例定数が変化すると、グラフも変化します。

$y=\frac{4}{x}$、$y=\frac{8}{x}$、$y=\frac{12}{x}$ の場合、次のようなグラフになります。

ここでは $x<0$ の場合も考えています。

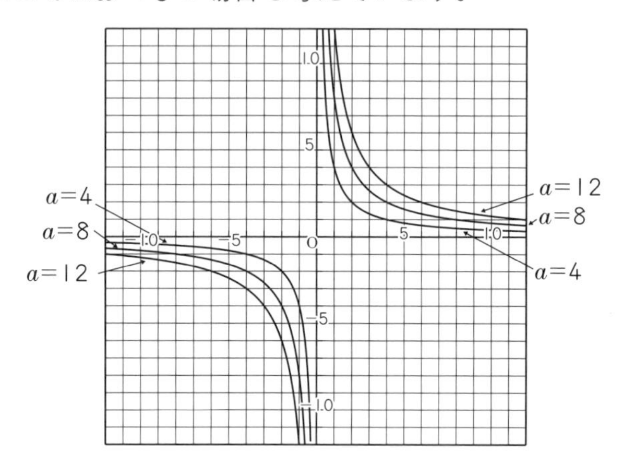

比例定数の値が大きくなっていくと、原点から次第に曲線が離れていくことがわかります。

また、比例定数が負の値のときには、グラフは次のようになります。

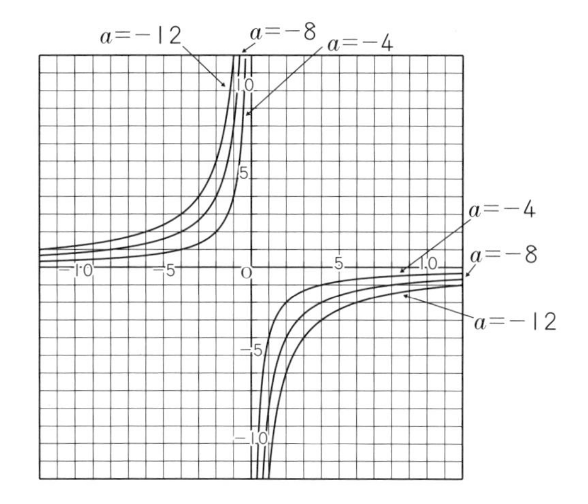

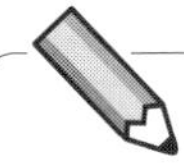

練習問題 2-12

変数xが次のように変化するとき、変数yが次の表のように変化しています。yはxに反比例しているといえるでしょうか。反比例しているならば、比例定数はいくつでしょうか。また、yをxの式で表してください。

入力xの値	1	2	3	4	5
出力yの値	3	$\frac{3}{2}$	1	$\frac{3}{4}$	$\frac{3}{5}$

答は249ページ

11 面積・体積を表す公式における文字

いろいろな図形の面積を表す公式に、日本語の文字やアルファベットを用いることを小学校で学びました。

たとえば、長方形の面積は、

「面積」=「縦の長さ」×「横の長さ」

$S = a \times b$

というように、文字を使って公式を表せました。

中学校でも、さらにいろいろな図形の面積や体積を表すのに、文字を使います。

1 おうぎ形の中心角と弧の長さや面積

おうぎ形の中心角と、弧の長さや面積が比例していることを確認しましょう。つまり、中心角が2倍、3倍、4倍になれば、弧の長さと面積も2倍、3倍、4倍になることが図から確認できます。

おうぎ形の弧の長さ

図のようなおうぎ形の弧の長さは、円の半径と中心角から計算できます。

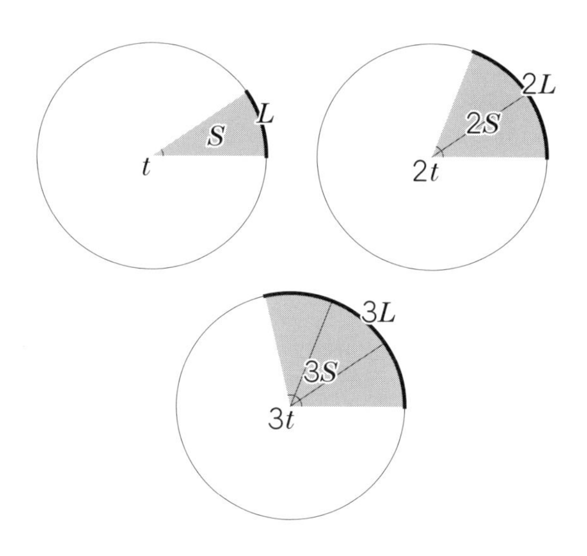

円周全体の長さは次のように計算できました。

「円周角360°の円周の長さ」＝2×「円周率」×「半径」

でしたから、円周角が1°のおうぎ形の弧の長さは、

「円周角1°のおうぎ形の弧の長さ」

$$=2\times「円周率」\times「半径」\times\frac{1}{360}$$

となります。

このように考えると、おうぎ形の弧の長さを求める式は次のようになります。

$$「おうぎ形の弧の長さ」=2\times「円周率」\times「半径」\times\frac{中心角}{360}$$

日本語で表すならこのままでいいのですが、アルファベットを使うと次のようにも表せます。

円周率をπで表します。円の半径をrとし、中心角を$t°$とし、おうぎ形の弧の長さをLで表すと、次の式が成り立ちます。

$$L=2\pi r\times\frac{t}{360}$$

日本語の言葉を使って書いた式とまったく同じ意味です。

おうぎ形の面積

おうぎ形の面積の表し方も、弧の長さと同じ考え方で求められます。

円全体の面積は、円の面積=「円周率」×「半径」×「半径」でしたから、

$$\begin{aligned}おうぎ形の面積&=「円の面積」\times\frac{「中心角」}{360}\\&=「円周率」\times「半径」\times「半径」\times\frac{「中心角」}{360}\end{aligned}$$

となります。

日本語の代わりにアルファベットを使って表すと次のようになります。おうぎ形の面積=Sで表すと、

$$S=\pi r^2\times\frac{t}{360}$$

となります。

おうぎ形の弧の長さを求める式も、面積を求める式も、丸暗記しなくても大丈夫です。どちらの式も、「全体量」に「中心角の割合」をかけると理解しておけばいいだけです。

$$「弧の長さ」=L=「円周の長さ」\times「中心角の割合」$$
$$=2\pi r\times\frac{t}{360}$$
$$「面積」=「円の面積」\times「中心角の割合」=\pi r^2\times\frac{t}{360}$$

となることを、理解しておけばいいだけで、単純な丸暗記は必要ありません。

ところで、「おうぎ形の面積」を、「おうぎ形の弧の長さ」を使って表すと面白い結果が得られます。「おうぎ形の面積」を次のように変形してみます。

$$「おうぎ形の面積」=\pi r^2\times\frac{t}{360}$$

πr^2 を $\frac{1}{2}\times 2\times\pi\times r\times r$ とする

$$=\frac{1}{2}\times 2\pi r\times\frac{t}{360}\times r$$

上記から $2\pi r\times\frac{t}{360}$ を L とする

$$=\frac{1}{2}\times L\times r=\frac{Lr}{2}$$

つまり、底辺が $\frac{L}{2}$ で、高さが r の平方四辺形の面積と同じことになります。

このことは、おうぎ形を細かく区切って形を整えてみてもわかります。次の図のようになるからです。

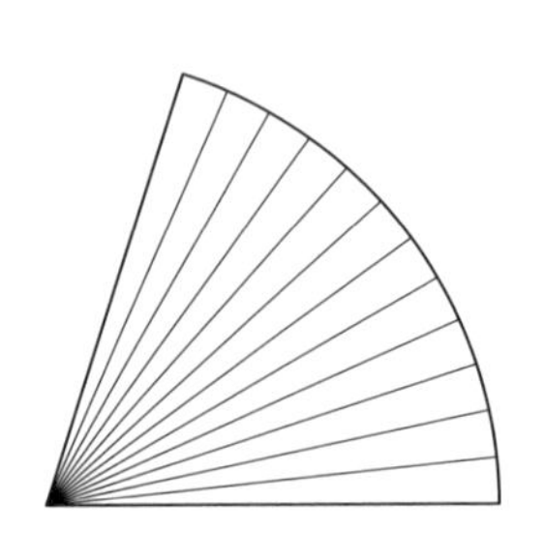

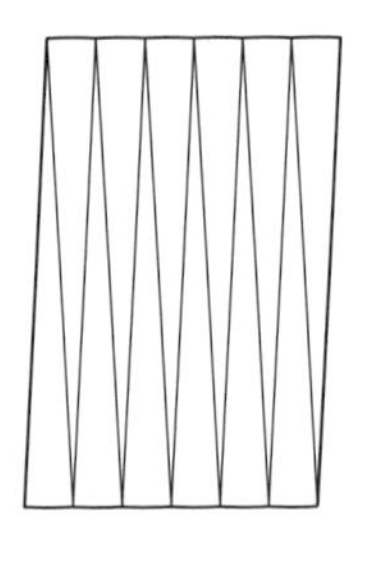

横の線は、本当は円弧の一部をつなげたものですが、ほとんど直線と考えて差し支えないでしょう。高さも本当は半径より少しだけ短いのですが、ほとんど半径と考えて差し支えないでしょう。

細かく分けたおうぎ形を入れ子にしたので、横の長さは、円弧の長さLの半分です。面積は長方形または平行四辺形と考えて、横の長さと縦の長さの積として、次のように表せるでしょう。

$$「おうぎ形の面積」=\frac{1}{2}\times \mathrm{L}\times r=\frac{\mathrm{L}r}{2}$$

これは、文字の計算で求めた結果と同じです。

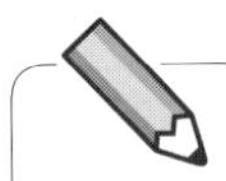

練習問題2-13

半径が10cmで、中心角が45°のおうぎ形の弧の長さと面積を求めてください。

答は249ページ

2　立体図形の表面積

いろいろな立体図形の表面積の求め方は、公式を覚えるより、具体的に与えられた立体図形を個別に考えたほうがよいでしょう。その際、表面積を求めるのに役立つのが展開図です。

三角柱の表面積

図のような三角柱の表面積を求めてみましょう。

底面の三角形は、3辺の長さが、6cm、8cm、10cmの直角三角形です。高さは15cmです。

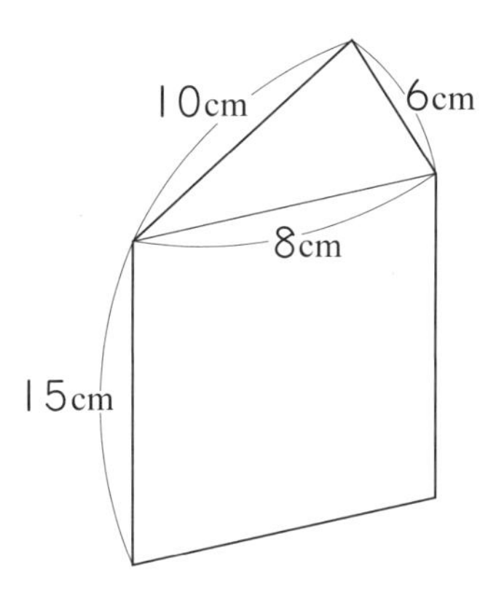

展開図は次のようになります。

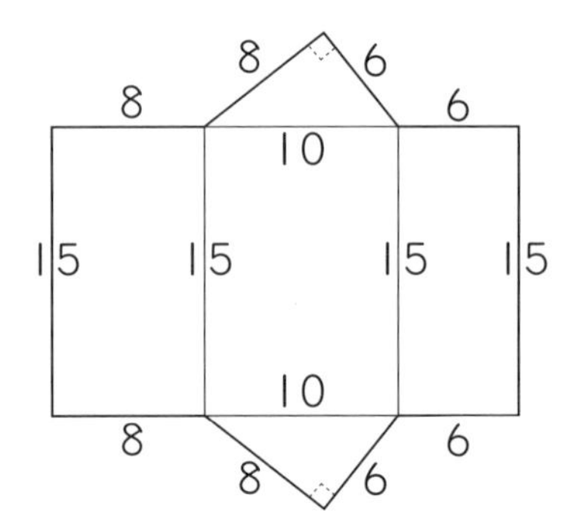

三角柱の表面積は、底面の直角三角形の面積と、上面の直角三角形の面積に、側面の３つの長方形の面積を加えればよいので、次のように計算できます。

$$\left(\frac{6\times 8}{2}\right)\times 2+(15\times 8)+(15\times 10)+(15\times 6)=408$$

単位は、それぞれの長さの単位がcmなので、cm^2です。つまり、408cm^2となります。

(15×8)＋(15×10)＋(15×6)の部分は、15×(8＋10＋6)とも計算できるので、「高さ」×「周の長さ」と考えることもできます。

角柱というのは、底面と上面が同じ形をしているので、角柱の表面積は次のように考えてもいいわけです。

「角柱の表面積」＝「底面の面積」×２＋「高さ」×「周の長さ」

この式は、アルファベットの文字で表してもご利益はなさそうです。このまま理解するのがいいでしょう。

円柱の表面積

次に、円柱の表面積を考えてみましょう。底面の円の半径は1cm、高さは5cmの円柱で考えてみます。

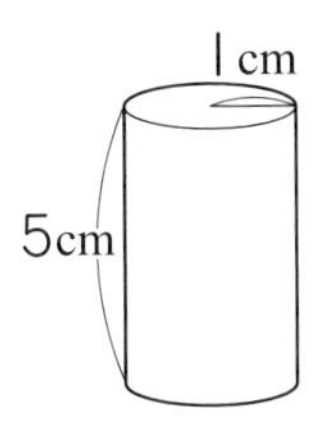

展開図は次のようになります。

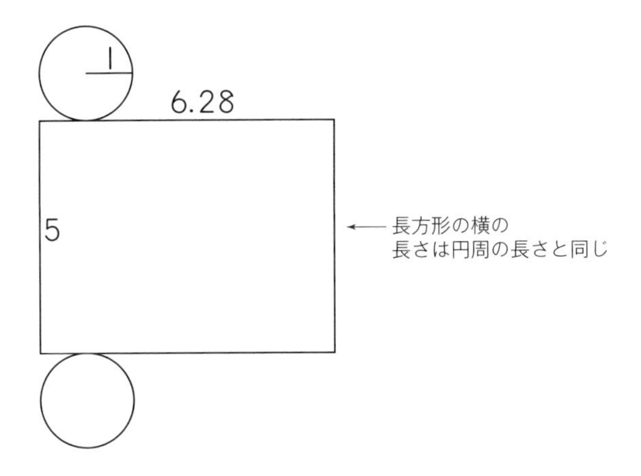

円柱の表面積も、展開図を見て考えればよいでしょう。上面と底面の円の面積に、側面の長方形の面積を加えればよい

わけです。

円の面積は、

「円周率」×「半径」×「半径」＝3.14×1×1＝3.14

です。

側面の長方形ですが、縦の長さは円柱の高さですから5cmです。横の長さがわかりませんが、展開図を知るために、円柱を切り開く過程を観察すれば、横の長さは円の周の長さと一致することがわかります。

「横の長さ」＝「円周の長さ」＝2×「円周率」×「半径」
＝2×3.14×1＝6.28

これらをふまえて、円柱の表面積は次のように求められます。

「表面積」＝「円周率」×「半径」×「半径」×2
＋2×「円周率」×「半径」×「高さ」
＝3.14×1×2＋2×3.14×1×5
＝37.68

この式を、円周率をπ、半径をr、高さをhで表すと次のようになります。

「円柱の表面積」＝$2\pi r^2 + 2\pi rh$

これも、公式として覚えるような種類の式ではなく、いつも、円の面積2つと側面の長方形の面積を足すものと理解しておいたほうがいいでしょう。ただし、長方形の横の長さは円周の長さに等しいことだけは思い出す必要があります。

円錐の表面積

次のような円錐の表面積はどのように求めればよいでしょうか。

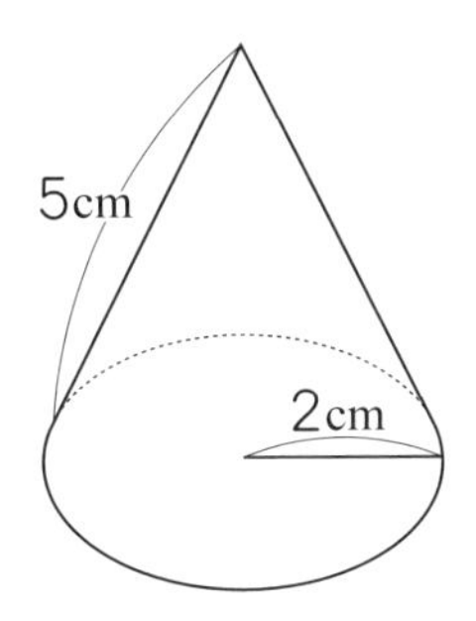

底円の半径が2cm、円錐の辺(母線)が5cmの円錐の展開図は次のようになっています。

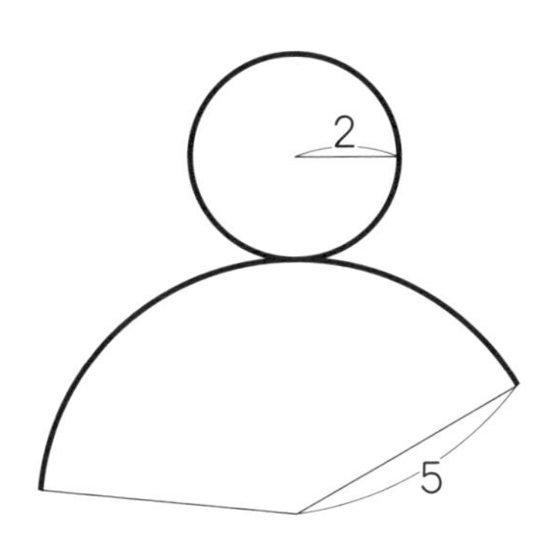

円錐の表面積を求めるには、底面の円の面積と、側面のおうぎ形の面積を加えればよいわけです。

円の面積は容易で、

「円の面積」＝「円周率」×「半径」×「半径」
＝3.14×2×2＝12.56

となります。

問題は、おうぎ形の面積です。おうぎ形の面積を求めるには、おうぎ形の中心角がわからなければなりません。

もっとも、中心角の割合がわかればよいのです。おうぎ形の中心角と弧の長さは比例しているので、おうぎ形の弧の長さがわかればよいことになります。

「おうぎ形の弧の長さ」は、展開図で太線で表したように、底面の円周の長さと一致しています。

底面の円の半径は2なので、円周の長さは、

2×「円周率」×「半径」＝$2\pi r$
＝2×3.14×2＝12.56

となります。

おうぎ形の円の円周は、

2×「円周率」×「半径」＝2×3.14×5＝31.4

となります。したがって、おうぎ形の弧の長さの割合は、

$$\frac{12.56}{31.4}=0.4$$

このことから、おうぎ形の面積は次のように求められます。

$$「円周率」\times「半径」^2\times 0.4=3.14\times 5^2\times 0.4$$
$$=31.4$$

これらのことから、求める円錐の表面積は次のように求められます。

$$「円錐の表面積」=12.56+31.4=43.96$$

以上の計算を、アルファベットで表すと、面白い結果がわかります。

円錐の底面の円の半径をrとし、展開図のおうぎ形の円の半径をaとしましょう。おうぎ形の中心角の割合、つまり、円弧の割合は次のようになります。

$$「中心角の割合」=\frac{2\pi r}{2\pi a}=\frac{r}{a}$$

このことから、おうぎ形の面積は、

$$\pi a^2\times\frac{r}{a}=\pi ar$$

となり、したがって、円錐の表面積は次のように表せます。

$$「円錐の表面積」=\pi r^2+\pi ar$$

練習問題2-14

（1） 底面が3cm、4cm、5cmの直角三角形で、高さが8cmの三角柱の表面積を求めてください。

（2） 底面が半径4cmの円で、高さが10cmの円柱の表面積を求めてください。

（3） 底面が半径10cmの円で、円錐の辺の長さ（母線）が20cmの円錐の表面積を求めてください。

答は249ページ

3 立体図形の体積

ここでは、いろいろな立体図形の体積を文字で表してみましょう。

角柱・円柱の体積

体積の単位となる1cm^3は、1辺が1cmの立方体の体積でした。この立方体の体積は、1辺が1cmの正方形の面積1cm^2を、上に1cm引き伸ばしたものです。

$$1\text{cm}^3 = 1\text{cm}^2 \times 1\text{cm}$$ ←1cm^2の正方形に高さをかけている

となっています。

この計算は、底面が正方形でなくても同じことです。底面積が3cm^2の図形を1cmだけ上に垂直に引き上げれば、次のようになります。

$$3\text{cm}^2 \times 1\text{cm} = 3\text{cm}^3$$

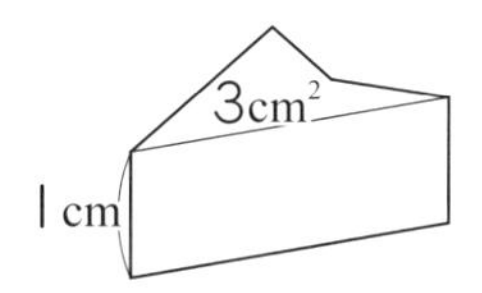

また、底面の図形を真上に垂直に引き上げる高さを4cmとすれば、体積の値は面積の値の４倍になることもわかるでしょう。

$$3\text{cm}^2 \times 4\text{cm} = 12\text{cm}^3$$

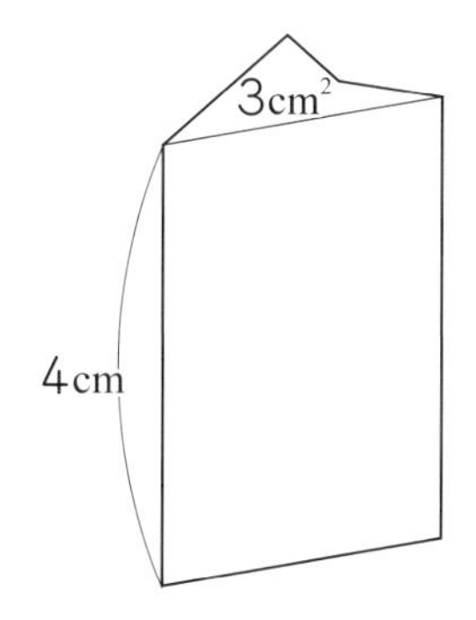

この計算は、底面の図形が曲線で囲まれていても同じですから、円柱の体積も同様の計算で求められます。

まとめると、「柱状の体積は、底面積に高さをかけて得られる」となるわけです。

「角柱または円柱の体積」=「底面積」×「高さ」

これを、アルファベットで表すと次のようになります。体積をV、底面積をS、高さをhで表します。

$$V=S\times h$$

角錐・円錐の体積

四角錐の体積は、四角柱の体積の3分の1になるのですが、このことは、四角柱を次の図のように3つの四角錐に分けられることから理解できるでしょう。実際に自分でつくってみることをおすすめします。

図に示したのは立方体の場合ですが、縦の長さが長い直方体でも同じことです。

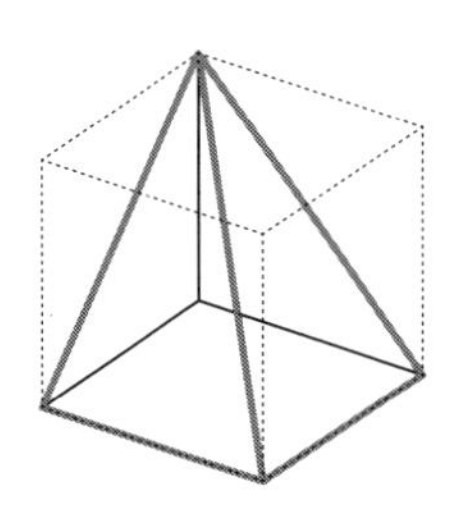
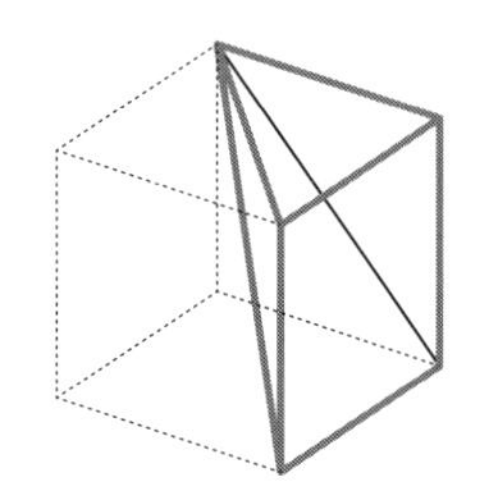
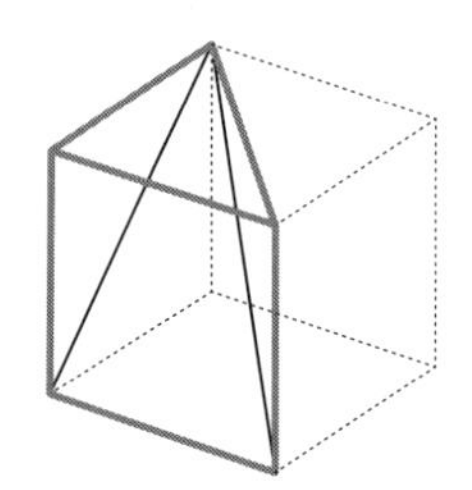

三角錐の場合も、次の図のように、三角柱を体積が同じ3つの三角錐に分けられることからわかります。

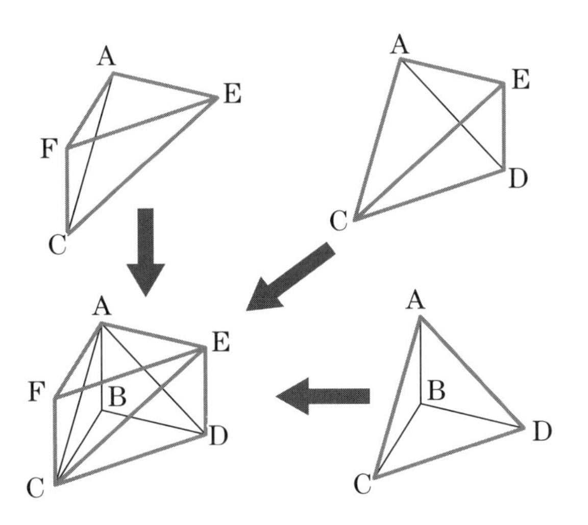

円錐の体積は、底面の円を極めて小さい四角形や三角形に分けて近似し、円錐の体積を四角錐や三角錐の体積で近似するのです。そうすれば、円錐の体積も円柱の体積の3分の1になることがわかります。

というわけで、錐体の体積は、角錐も円錐も含めて、次のように表せることになります。

$$「角錐・円錐の体積」=\frac{1}{3}\times「底面積」\times「高さ」$$

この式を、アルファベットを用いて表してみましょう。体積をV、底面積をS、高さをhで表せば、次のように表せます。

$$V=\frac{1}{3}Sh$$

TeaTime　錐体の体積での$\frac{1}{3}$

角錐や円錐の体積が、角柱や円柱の体積の$\frac{1}{3}$であることは、これまでの説明でわかったことと思いますが、直感的に理解する方法もあります。

円錐などの容器を、尖ったほうを下にして、上から容器に水などの液体を入れてみて比較するのもいい方法です。

「どうして$\frac{1}{3}$か？」という理屈はわかりませんが、「たしかに$\frac{1}{3}$だ」と実感できると思いますので、やってみる価値はあるでしょう。

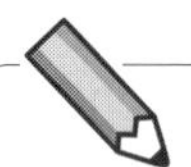

練習問題2-15

(1)　底面積が6cm^2で、高さが9cmの五角柱の体積を求めてください。

(2)　底面積が6cm^2で、高さが9cmの五角錐の体積を求めてください。

(3)　底面が半径4cmの円で、高さが9cmの円柱の体積を求めてください。

(4)　底面が半径4cmの円で、高さが9cmの円錐の体積を求めてください。

答は250ページ

4　球の体積と表面積

球の体積

球の表面積を求めるのはちょっと面倒です。それより、球の体積を求めるほうがわかりやすいので、最初に、球の体積を求めてみましょう。

立体図形の体積というのは、立体図形を平行な平面で細かく輪切りにして、細かい柱状の立体の体積をたし算したもので近似できます。できるだけ細かくしていけば立体図形の体積になっていきます。

したがって、2つの立体図形があって、細かく輪切りにしたとき、すべての切り口の図形の面積が等しければ、2つの立体図形の体積は等しいことがわかります。

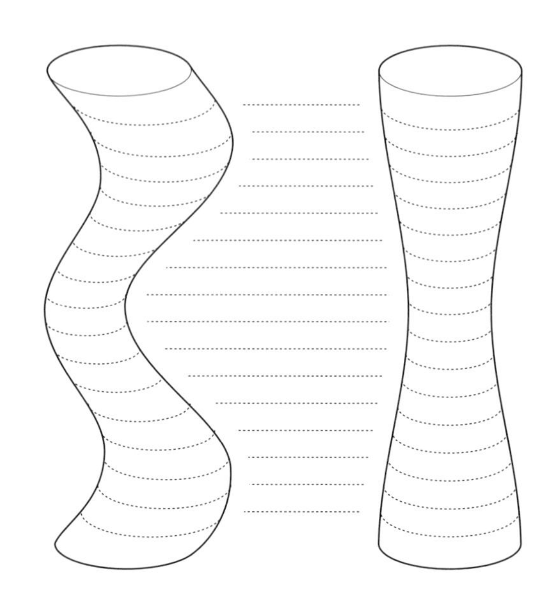

このような考えを最初に発表した人の名前から、この原理を「カヴァリエリ(Cavalieri)の原理」といいます。

じつは、半径rの球の体積は、底面が半径rの円で、高さが$2r$の円柱から、円錐をくり抜いた立体図形と同じ体積なのです。

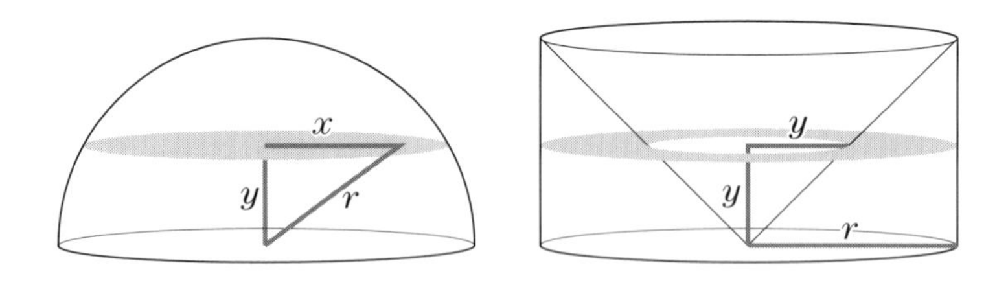

このことは、中心から高さyのところで平行に切った切り口の図形の面積が同じことからわかります。球と円柱と、高

さを半分にした図形で比較します。

図の右側の円柱の場合、くり抜く円錐の辺の傾きは45度なので、高さがyのとき、くり抜く円錐の半径も同じyになります。

円柱を高さyで切った円の面積がπr^2で、円錐の面積がπy^2となりますから、くり抜いたドーナツ型の図形の面積は$\pi r^2 - \pi y^2$となります。

図の左側の球を切った切り口の円の面積は、半径がxの円の面積なので、πx^2となります。

ところで、中学3年生で学ぶことになっている、「三平方の定理(ピタゴラスの定理)」というものがあります。この定理は、どんな直角三角形においても、直角を挟む2辺の長さa、bの2乗の和は、斜辺の長さcの2乗に等しいという定理です。

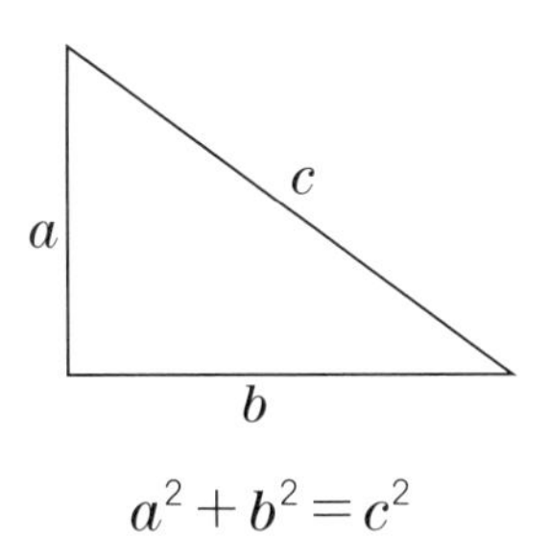

$$a^2 + b^2 = c^2$$

球を高さyのところで切った切り口の円の半径をxとすると、この円の面積はπx^2となります。

三平方の定理を使うと、$x^2 + y^2 = r^2$ですから、$x^2 = r^2 - y^2$となります。そこで、切り口の円の面積は、$\pi x^2 = \pi$

$(r^2-y^2)=\pi r^2-\pi y^2$となるわけです。

この面積は、はじめに計算した右側の図形で、円柱から三角錐をくり抜いた図形の、切り口の面積とまったく同じです。

このことは高さがいくらのところで切っても同じです。

ここで、「カヴァリエリの原理」を活用するのです。どこで切っても切り口の面積が同じなら、2つの立体の体積は同じだというのですから、左の図の球の半分の体積は、右側の図の、円柱の体積から三角錐の体積を引いた立体の体積と同じになるわけです。

$$
\begin{aligned}
\text{「球の半分の体積」} &= \pi r^2 \times r - \frac{1}{3}(\pi r^2 \times r) \\
&= \pi r^3 - \frac{1}{3}(\pi r^3) \\
&= \frac{2}{3}(\pi r^3)
\end{aligned}
$$

球の体積Vはこの2倍ですから、次のように求められます。

$$V=\frac{4\pi r^3}{3}$$

r^3と、3乗になるのは、1辺がrの正方形の面積がr^2で、1辺がrの立方体の体積がr^3となるのと同じ原理です。

ちなみに、球の体積の式の覚え方として、「身の上に心配アール3乗」と語呂合わせにするのが有名です。

球の表面積

それでは、球の体積を利用して、球の表面積を求めてみましょう。

球の表面をたくさんの小さい面で区切って、その小さい面と中心とを結んでできる、四角錐を考えてみます。

四角錐の体積の和は球の体積になります。四角錐の底面の面積をS_1、S_2、……、S_nとすると、この面積の和は、無限に細かくしていけば、球の表面積Sに近くなっていきます。

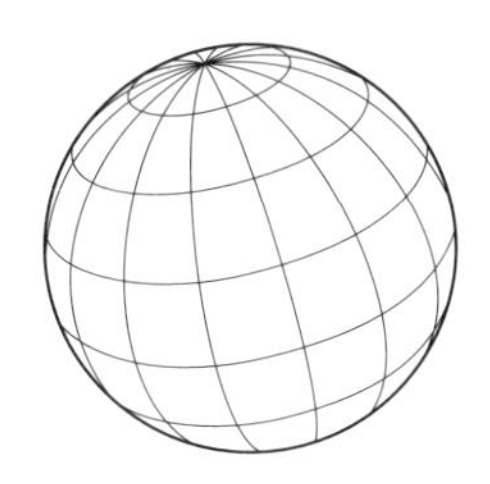

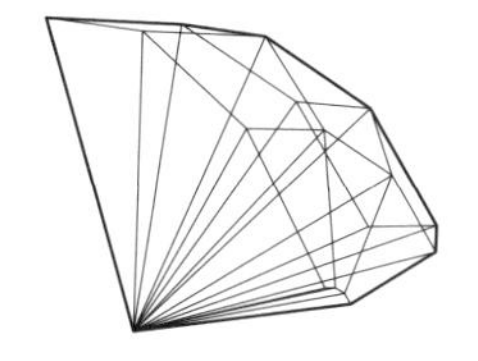

細かく切ったk番目の底面の面積をS_kとすると、錐体の体積は$\frac{1}{3}\times S_k\times r$ですから、この和は次のようになります。
kをどんどん大きくしていくと、S_kの和がSになるので、

$V=\frac{1}{3}\times S_k\times r$の$k$個の和をとり、$k$を大きくする

$$=\frac{1}{3}\times S\times r$$

このVに、球の体積の式を代入します。

$$\frac{4\pi r^3}{3}=\frac{1}{3}\times S\times r$$

両辺に3をかけ、両辺をrでわると、Sが求められます。

$$S=4\pi r^2$$

これが、半径rの球の表面積を表す式です。文字で表すと次のようになります。

「球の表面積」＝４×「円周率」×「半径」^{2}

ここでは、球の体積の式から、表面積の式を導いて、「証明」してみました。

証明はよくわからない、という人には、きちんとした証明ではありませんが、球の表面積が$4\pi r^2$であることを確かめる方法をおすすめします。πr^2は、半径がrの円の面積ですから、その４倍が球の表面積であることを確かめればいいわけです。

そのためには、半径がrの円を、次の図のように、幅が小さい帯で巻きとります。１つの円で巻き取った帯を半球に張りつけていくと、ちょうど半球の半分に張り付けることができるのです。

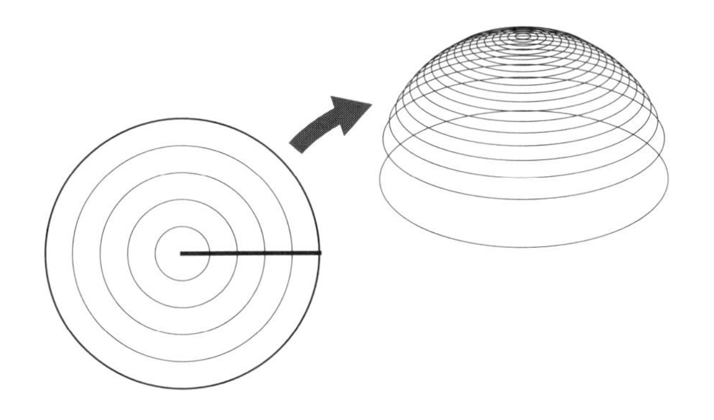

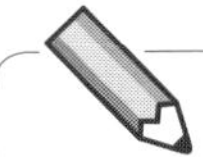

練習問題　2-16

（1）　半径が3cmの球の表面積を求めてください。

（2）　半径が3cmの球の体積を求めてください。

答は251ページ

12 文字の3つの働き

これまでに出てきた文字の働きをまとめると、3つに分けることができます。

1　不定の定数を表す文字

三角形の面積を、底辺の長さと高さから求める式を考えてみましょう。底辺の長さをa、高さをhとすると、三角形の面積Sは次の式で表せます。

$$S=\frac{1}{2}ah$$

ここでのaやhには、特定の数が入るのではなく、どんな数が入ってもよく、定まってはいません。このような場合の文字は、「不定の定数」を表していることになります。

半径がrの球の体積Vを球の半径から求める式、

$$V=\frac{4\pi r^3}{3}$$

においては、半径の長さを表すrが、不定の定数です。

2　未知数を表す文字

最初に5Lの水が入っている容器に、毎分2Lの速さで水を注入します。15Lになるのは何分後か？　という問題を考えるときは、x分後としておいて、関係式を表してみました。

$$5+2x=15$$

ここでのxには、どんな数が入っていいというわけではなく、特定の数しか入れません。

いずれはどんな数が入るのかがわかるのですが、はじめはわからず、そのわからない数をxで表しているのでした。ここでは文字xは、わからない数、つまり「未知数」としての役割を果たしているのです。

3　変数を表す文字

正比例の関数の式$y=3x$や、反比例の式$y=\frac{3}{x}$におけるxやyは、変化していき、いろいろな値をとっていきます。

xの値を定めると、yの値は確定しますが、xの値はいろいろな値をとります。

このような文字の働きを「変数」といいます。

4　文字に入るのは、数か量

このように、文字には3つの働きがありますが、どの場合にも、文字に入るのは「量」か「数」です。

「量」というのは、具体的にいうと3cmとか5gとか6m/秒などです。

「数」というのは、3とか5とか6のことです。

3つの文字があるとき、2つの量の単位が決まると、残りの量の単位は自動的に決まってきます。

たとえば、三角形の面積を考えるとき、底辺の長さ$a=$ 3cmと、高さ$h=$8cmが決まると、面積Sの単位は自動的にcm²になります。

$$S=\frac{1}{2}\times 3\text{cm}\times 8\text{cm}=12\text{cm}^2$$

文字に入るのは、整数だけでなく、小数でも分数でも、負の数でもかまいません。

5 文字の働きは変化する

たとえば、三角形の面積を、底辺の長さaと高さhから表す式$S=\frac{1}{2}ah$において、基本的には文字は「不定の定数」ですが、$a=4$というように、底辺の長さだけが定まると、$S=\frac{1}{2}\times 4h=2h$となり、面積$S$は、$h$が変化していくとき、比例定数が2の正比例の関数となります。つまり、hとSは、「変数」の意味をもつようになります。

さらに、$S=10$となるような高さを知りたいときには、$2h=10$という式になり、文字hは、「未知数」としての働きに変化します。

このように、文字の働きは固定されているのではなく、いろいろな働きに変化していくので、「文字の働きはわかりにくい」と思われがちです。

しかし、小学校や中学校の数学では、「文字には量か数が入る」という点は共通しています。量や数の代わりをしていることに変わりはないので、それほど難しく考える必要はないのです。

第3章
中学2年で出会う文字

1　3つの働きに共通な文字式の計算

数学に登場する文字には3つの働きがあることを、これまで紹介してきました。

ここでは、文字の働きや意味に関係なく成り立つ、文字式の計算をしていきましょう。

文字式の計算は、とかく無味乾燥で、意味がはっきりしないという人がいますが、3つの働きを思い出して、不定の定数としての文字式の計算と思ってもいいし、未知数の文字式の計算と思ってもよく、変数としての文字式の計算だと思ってもいいのです。

文字の働きや意味にかかわりなく成り立つ文字式の計算を、どのようにすればよいか考えていきましょう。

1　単項式

$2a$、$7x$などのように、文字や数のかけ算だけでできた式を「単項式」といいます。

文字の数はいくつでもかまいません。$5ab$、$9x^2y$、$-8xyz$なども単項式です。

ここで、$5ab$の5、$9x^2y$の9、$-8xyz$の-8のように、

単項式の数の部分を「係数」といいます。

文字と文字の間はかけ算の記号が省略されています。

$$5ab = 5 \times a \times b$$

必要に応じて書く場合もありますが、かけ算の記号×は書かないのが普通です。

また、単項式において、いくつの文字をかけているかの個数を「次数」といいます。

たとえば、縦・横・高さがa、b、cの直方体の体積は、$V = abc$と表せます。この場合、次数は3です。長さを3つかけると3次元の立体図形の体積になるので、次数が3というのも自然なことです。

半径がrで高さがhの円錐の体積は、$V = \frac{1}{3}\pi r^2 h$でした。πは円周率3.1415……を表す数値なので、文字には数えません。$r \times r \times h$と、3つの文字をかけているので、やはり次数は3ということになります。

半径がrの円の面積は$S = \pi r^2$でした。2つの文字をかけているので、次数は2になります。2次元の平面図形の面積なので、次数が2というのも自然なことです。

$2a = 2 \times a$や、$7x = 7 \times x$における、かけ算の意味は、いろいろなケースが考えられます。

「aという量が2つ分ある」、「xという量が7つ分ある」と考えるのが普通ですが、その他にも、かけ算の意味がつけば問題ありません。

たとえば、自転車には1台に車輪が2個ついているのが普通なので、a台あるとき、車輪の数は$2a$個になります。

$7x=7\times x$のほうは毎分7Lの水を汲み入れているとき、x分間にたまる水の量を求める計算、

$$7\text{L/分}\times x\text{分}=7x\text{L}$$

と考えることができます。

また、特別な場合として、xとかmなども、$x=1\times x$、$m=1\times m$のような式と考えられるので単項式ですし、数だけの6とか-9なども、$6=1\times 6$、$-9=1\times(-9)$と考えて、単項式の仲間に入れます。

2　多項式

$6ab+3a^2$や$2a^2b-9x^3y$のように、2つ以上の単項式の和(たし算の答え)や差(ひき算の答え)を「多項式」といいます。

多項式におけるひとつひとつの単項式を、「多項式の項」といいます。上の例では、多項式$6ab+3a^2$の、$6ab$や$3a^2$が多項式の「項」です。

多項式を構成している単項式のそれぞれの次数はいろいろですが、そのなかで一番大きい次数を「多項式の次数」とい

います。

$3xy^2+2xy-6x+9$という多項式の場合、このなかの単項式で次数が大きいのは、$3xy^2$の3次なので、この多項式の次数は3ということになります。$2xy$は「2次の項」、$-6x$は「1次の項」、9のように文字を含まない項は「定数項」といいます。

新しい用語がたくさん出てきましたが、使っているうちに自然に慣れてくるので、無理に覚えようとしなくても大丈夫です。

3　同類項のまとめ

多項式$5ab+3a^2b-2a^2b$における、$3a^2b$と$-2a^2b$のように、多項式のなかにある単項式で、文字の部分が同じ項を、「同類項」といいます。

多項式のなかの同類項は、まとめてひとつにすることができます。

$$2x^2+3x^2=5x^2$$
$$3a^2b-2a^2b=a^2b$$

このような計算ができるのは、「分配の決まり」を思い出してもらうとわかります。

「分配の決まり」

$$(a+b)\times c=a\times c+b\times c$$
$$(a-b)\times c=a\times c-b\times c$$

a、b、cに入るのはどんな数でもよく、したがって、数を表すどのような文字が入っても成り立ちます。そこで、

$$
\begin{aligned}
2x^2+3x^2&=2\times x^2+3\times x^2\\
&=(2+3)\times x^2=5x^2\\
3a^2b-2a^2b&=3\times a^2b+(-2)\times a^2b\\
&=(3-2)\times a^2b=a^2b
\end{aligned}
$$

と計算できるわけです。

同類項をまとめる計算は、次のように、いろいろな場合があります。

$$3+9x+7x=3+(9+7)x=3+16x$$

$$
\begin{aligned}
10b+2a+4a-8a&=10b+(2+4-8)a\\
&=10b-2a
\end{aligned}
$$

$$
\begin{aligned}
a+b+3x^2-7x^2+9x^2&=a+b+(3-7+9)x^2\\
&=a+b+5x^2
\end{aligned}
$$

$$ac-2ac+a+b=(1-2)ac+a+b=-ac+a+b$$

$$
\begin{aligned}
3.2+9.4x+7.5x&=3.2+(9.4+7.5)x\\
&=3.2+16.9x
\end{aligned}
$$

$$
\begin{aligned}
10b+\frac{2}{3}a+\frac{4}{3}a-\frac{8}{3}a&=10b+\left(\frac{2}{3}+\frac{4}{3}-\frac{8}{3}\right)a\\
&=10b-\frac{2}{3}a
\end{aligned}
$$

$$a+b+\frac{3}{2}x^2-7.5x^2+\frac{9}{2}x^2$$

$$=a+b+\frac{3-15+9}{2}x^2=a+b-\frac{3}{2}x^2$$

$$3.59ac-2ac+a+c=(3.59-2)ac+a+c$$
$$=1.59ac+a+c$$

$$2(3a+5a)=2\times(3+5)a=2\times8a=16a$$

4　多項式の加法と減法

２つ以上の多項式をたしたりひいたりすると、同類項が出てくるので、同類項をまとめる計算ができます。例として、次のような２つの多項式を加えてみましょう。

$$P=4x^2+2x+3+4y、Q=2x^2+5x+6+5z$$
$$P+Q=(4x^2+2x+3+4y)+(2x^2+5x+6+5z)$$

式のたし算では、順序を入れ替えられるので、同類項をまとめます。

$$=(4x^2+2x^2)+(2x+5x)+(3+6)+4y+5z$$
$$=6x^2+7x+9+4y+5z$$

２つの多項式に含まれる文字がxだけの場合、次のように縦に表すとわかりやすいかもしれません。この表し方は、３桁の整数を10進法で表すのに、「百の部屋」、「十の部屋」、「一の部屋」として位取りするのと同じ考え方です。

	百の部屋	十の部屋	一の部屋
	4	2	3
＋	2	5	6
	6	7	9

	x^2 の部屋	x の部屋	定数項の部屋
	$4x^2$	$2x$	3
＋	$2x^2$	$5x$	6
	$6x^2$	$7x$	9

x の3次の多項式の和も縦に書くとわかりやすいでしょう。

$P = 4x^3 - 2x^2 + 9x - 3$、$Q = 2x^3 + 6x^2 - 4x + 9$ の和を、縦に書いて求めてみます。

	x^3 の部屋	x^2 の部屋	x の部屋	定数項の部屋
	$4x^3$	$-2x^2$	$9x$	-3
＋	$2x^3$	$6x^2$	$-4x$	9
	$6x^3$	$4x^2$	$5x$	6

$$P + Q = 6x^3 + 4x^2 + 5x + 6$$

となるわけです。

多項式の減法も同じことです。上記と同じ多項式で、$P - Q$ は次のように求められます。

	x^3の部屋	x^2の部屋	xの部屋	定数項の部屋
	$4x^3$	$-2x^2$	$9x$	-3
$-$	$2x^3$	$6x^2$	$-4x$	9
	$2x^3$	$-8x^2$	$13x$	-12

$P-Q=2x^3-8x^2+13x-12$となるわけです。

正負の数の加法（足し算）と減法（ひき算）がわかっていれば、多項式の加法と減法はバッチリです。

上の計算で、係数の計算は次のようになっています。

$4-2=2$、$-2-6=-8$、$9-(-4)=9+4=13$、$-3-9=-12$

練習問題3-1

（1）　次の式において、同類項をまとめて、簡単にしてください。

$(5x^2y^3-4x^3+y^2+6x-9y)$
$+(2x^2y^3+8x^3-2y^2-2x+8y)$

（2）　次の多項式PとQの、和$P+Q$と、差$P-Q$を求めてください。

$P=2x^3-4x^2+8x-6$、$Q=-4x^3+5x^2-4x+8$

答は251ページ

5　単項式の乗法

単項式と単項式の乗法（かけ算）はどのようにすればよいのでしょうか。

$3x$と$4y$をかけてみましょう。

省略されていたかけ算の記号を補うと、次のようになります。

$$
\begin{aligned}
(3x)\times(4y) &= (3\times x)\times(4\times y) && \text{カッコをはずす}\\
&= 3\times x\times 4\times y && \text{順序を入れ換える}\\
&= (3\times 4)\times x\times y && 3\times 4\text{を計算する}\\
&= 12xy
\end{aligned}
$$

上記の式の変形は、数をかけるときには、かける順序は変更してもよいこと、どの部分をカッコで囲んで先にまとめてもよいことを使っています。文字の計算といっても、文字に入るのは数ですから、数の計算規則がそのまま成り立っているからです。

結局は、係数同士をかけ、文字同士をかければいいということになります。

$$2a\times 8b=(2\times 8)ab=16ab$$

と計算できるわけです。

２つの単項式をかけるとき、一方が定数項の場合も同じことです。

$$3a \times 6 = (3 \times 6) \times a = 18a$$

と計算できます。

単項式の累乗

ところで、同じ数や文字を何度もかけるときは、$a \times a = a^2$、$a \times a \times a = a^3$などと書き表してきました。$a$の「2乗」とか「3乗」といいます。これらは一般に「aの累乗」と呼ばれます。

2つの単項式をかけるとき、両方に同じ文字が入っていれば、累乗のかたちに式を整理することができます。たとえば、次のようになります。

$$\begin{aligned} &(2x^2y) \times (3xy) \\ &= 2 \times x^2 \times y \times 3 \times x \times y \quad \text{（カッコをはずす）} \\ &= (2 \times 3) \times (x^2 \times x) \times (y \times y) \quad \text{（数字同士、同じ文字同士をかける）} \\ &= 6x^3y^2 \end{aligned}$$

つまり、「係数同士をかけ」、「同じ文字同士をかけ」を繰り返せばいいことになります。他の例では次のようになります。

$$\begin{aligned} &(5a^3b^2) \times (-2ab^3) \\ &= (5 \times (-2)) \times (a^3 \times a) \times (b^2 \times b^3) \\ &= -10a^4b^5 \end{aligned}$$

また、単項式の累乗は次のように計算できます。

$$(3xy^2)^2 = (3xy^2)\times(3xy^2)$$
$$= (3\times 3)\times(x\times x)\times(y^2\times y^2)$$
$$= 9x^2y^4$$

係数や、各文字の累乗をかければいいだけです。もうひとつ例を紹介しておきましょう。

$$(-3a^2b)^2 = (-3)^2\times(a^2)^2\times(b)^2$$
$$= 9a^4b^2$$

6　単項式の除法

かけ算の次は、単項式を単項式でわる計算（除法）を考えてみましょう。

小学校で学んだ、「分数でわるときは、分母と分子を逆にしてかける」という、数の計算規則を覚えていますか？　次の式のようなやり方です。

$$\square \div \frac{\triangle}{\bigcirc} = \square \times \frac{\bigcirc}{\triangle} = \frac{\square\times\bigcirc}{\triangle}$$

文字には数が入るのですから、文字の計算規則も、数の計算規則と同じです。$8x^3$を$\frac{2x}{3}$でわる計算は、次のようになります。

$$(8x^3)\div\frac{2x}{3}$$

$$=(8x^3)\times\frac{3}{2x} \longleftarrow \div\frac{2x}{3}\text{を}\times\frac{3}{2x}\text{にする}$$

$$=\frac{8x^3\times 3}{2x}$$

2xで約分する

$$=\frac{\overset{4}{\cancel{8}}x^{\overset{2}{\cancel{3}}}\times 3}{\cancel{2x}}$$

$$=4x^2\times 3$$

$$=12x^2$$

上記の計算で、「分数は、分母と分子を同じ数でわっても値は変わらない」という性質(約分)を使って、分母と分子を2でわって、さらにxでもわっています。

もうひとつの例を紹介しておきましょう。乗法と除法の混ざった計算も、すべて乗法に直してから計算すればいいわけです。

$$(18a)\div(2ab)\times(-3a^2b^3)$$

$\div 2ab$を$\times\frac{1}{2ab}$にする

$$=18a\times\frac{1}{2ab}\times(-3a^2b^3)$$

$$=\frac{18a\times 1\times(-3)a^2b^3}{2ab}$$

約分する

$$=\frac{\overset{9}{\cancel{18}}\times(-3)a^2b^{\overset{2}{\cancel{3}}}}{\cancel{2b}}$$

$$=(9\times(-3))a^2b^2$$

$$=-27a^2b^2$$

7　カッコをはずす計算

数の計算規則では、次のような計算の場合、カッコをはずすことができます。これは、「分配の決まり」と呼ばれていました。

□×(△＋○)＝□×△＋□×○

文字式の計算でも同じ規則が成り立ちます。文字とは、数が入るものでしたから。

これは文字の働きが「不定の定数」でも、「未知数」でも、「変数」でも同じことです。ですから、次のような文字の計算が可能なのです。

$$\begin{aligned} 3x(2x+7y) &= 3x \times (2x+7y) \quad (\times 3x) \\ &= 3x \times 2x + 3x \times 7y \\ &= 6x^2 + 21xy \end{aligned}$$

$$\begin{aligned} 5(3a-4b) &= 5 \times (3a-4b) \quad (\times 5) \\ &= 5 \times (3a) + 5 \times (-4b) \\ &= 15a - 20b \end{aligned}$$

分数があっても同じです。

$$(4a+6b+8c) \times \frac{1}{2} \quad \left(\times \frac{1}{2}\right)$$

$$=4a\times\frac{1}{2}+6b\times\frac{1}{2}+8c\times\frac{1}{2}$$
$$=2a+3b+4c$$

カッコがある2つの多項式の加法や減法も同様にできます。

$$3(2x-8y)+4(-x+7y)$$
（×3、×4）
$$=(6x-24y)+(-4x+28y)$$
$$=2x+4y$$
（同類項をまとめる）

カッコがある式を引き算するときには、正負の符号に注意が必要です。

$$2(5a-3b)-3(6a-4b)$$
（マイナスの数にはカッコをつけると間違えにくい）
$$=2\times5a+2\times(-3b)+(-3)\times(6a-4b)$$
（負×負＝正）
$$=10a-6b+(-3)\times6\times a+(-3)\times(-4)\times b$$
$$=10a-6b-18a+12b$$
$$=-8a+6b$$

カッコの前がマイナスのときには、カッコをはずすとカッコの中の符号がすべて反対になることに注意したいものです。

$$-3(a-b-c)=-3a+3b+3c$$
$$-(-x+y-z)=x-y+z$$

分数があるときには、一層慎重に計算しなければなりません。

$$\frac{3x-7y}{6}-\frac{2x-5y}{3}$$

通分する

$$=\frac{(3x-7y)}{6}-\frac{2(2x-5y)}{6}$$

$$=\frac{(3x-7y)-2(2x-5y)}{6}$$

×(−2)

$$=\frac{(3x-7y)+(-2)\times(2x+(-5)y)}{6}$$

負×負＝正

$$=\frac{3x-7y+(-2)\times 2x+(-2)\times(-5)y}{6}$$

$$=\frac{3x-7y-4x+10y}{6}$$

同類項をまとめる

$$=\frac{-x+3y}{6}$$

通分して計算するのも、小学校で学んだ分数の計算と同じことです。

$$\frac{2a+3b}{4}-\frac{5a-2b}{3}$$

通分する

$$=\frac{3(2a+3b)}{4\times 3}-\frac{4(5a-2b)}{3\times 4}$$

マイナスの数にはカッコをつける

$$=\frac{3\times(2a+3b)+(-4)\times(5a-2b)}{12}$$

$$=\frac{6a+9b-20a+8b}{12}$$

同類項をまとめる

$$=\frac{-14a+17b}{12}$$

文字式の計算間違いを減らす方法としては、「暗算をしない」、「ゆっくり、ステップごとに少しずつ着実に変形していく」ということです。

文字式の計算は、意味がわからなくなったり、無味乾燥に思うかもしれませんが、「文字にはどうせ数が入るんだ」、「数の計算と同じなんだ」と思って慣れていくことが大事でしょう。

TeaTime 間違えやすい計算例

次のような計算間違いが多く見られます。

$$
\begin{aligned}
&\frac{3a+2b}{4}-\frac{4a-5b}{3}\\
&=\frac{3(3a+2b)}{4\times3}-\frac{4(4a-5b)}{3\times4}\\
&=\frac{9a+6b}{12}+\frac{-16a-20b}{12}\\
&=\frac{9a-16a+6b-20b}{12}\\
&=\frac{-7a-14b}{12}
\end{aligned}
$$

この計算は、数式の2行目から3行目に行くところが間違っているのです。

分数を省いて考えれば、$-4\ (4a-5b)=-16a-20b$と計算しているところが間違っているのです。

正しくは、$-4\ (4a-5b)=-16a+(-4)\times(-5)\ b=-16a+20b$としなければならないのです。

分数が入ってくると、上記のような間違いが増えてきますので、注意が必要です。

第3章　中学2年で出会う文字

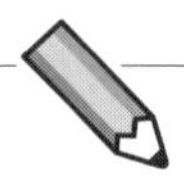

練習問題3-2　次の式を簡単にしてください。

（1）　$(xy^2)\times(x^2y)$

（2）　$(x^2y)^3$

（3）　$(x^2y)^3\times(xy^2)$

（4）　$(x^6y^7)\div(x^2y^3)$

答は251ページ

8　代入の計算

$x=2$、$y=-3$のときの、$3x-y$の値を求めるような計算は、文字の3種類の意味のどの場合でも、起こってくることです。xに2、yに-3を代入し、$3\times2-(-3)=6+3=9$として、値が求められます。

同じように、$x=2$、$y=-3$のときに、次の式の値を求めるには、どうすればよいでしょうか？

$$3(3x+2y)-2(2x-3y)$$

そのまま代入すると次のようになります。

$$3(3\times2+2\times(-3))-2(2\times2-3\times(-3))$$

複雑ですが、計算できないわけではありません。

しかし、文字式の計算を学習したので、最初に文字式の計算をして、式を簡単にしてから代入することもできます。

$$3(3x+2y)-2(2x-3y)$$
$$=9x+6y-4x+6y$$
$$=5x+12y$$

（×3、×(−2)：同類項をまとめる）

ここで、$x=2$、$y=-3$を代入します。

$$5\times2+12\times(-3)$$
（←代入するときはカッコをつける）
$$=10-36$$
$$=-26$$

どちらの方法でもいいのですが、どちらかというと、「文字式の計算をしてから代入する」ほうが間違いが少なくなるのが普通です。

2 未知数が2つある連立1次方程式

1 等式の変形

方程式を解くときに必要な、「等式の変形」をおさらいしておきましょう。

$$3+4=7$$

という式があります。イコールの左側の部分を「左辺」、右側の部分を「右辺」といいます。この両方の辺に共通の数を加えても等号はそのまま成り立ちます。

$$3+4+2=7+2$$

この性質は、数が文字になっても同じことです。文字には数が入るのですから。

$$x=6 \quad \Rightarrow \quad x+3=6+3$$

等式の性質として、両辺に同じ数をかけても等式は成り立ちます。

$$x=6 \quad \Rightarrow \quad 3\times x=3\times 6 \quad \Rightarrow \quad 3x=18$$

文字式の等式の性質を使うと、わからなかった未知数xの値が求められるのでした。

$$\begin{aligned} x-4&=9 \\ x-4+4&=9+4 \\ x&=13 \end{aligned}$$

両辺に4をたす

$$2x=9$$

$$\frac{1}{2}\times 2x=\frac{1}{2}\times 9$$ 両辺に$\frac{1}{2}$をかける

$$x=\frac{9}{2}$$

TeaTime 間違えやすい計算

(1) $5x-x=5$という間違いがときどきあります。「$5x$からxを取り除いたら、残りは5になってしまうだろう。何がおかしいのか？」と、真剣に考えてしまう生徒がときどきいるのです。

たしかに、「ひく」という行為は、「取り除く」という意味で、小学校ではじめてひき算を学んだときにはそういう意味でした。

しかし、$5x-x$などの場合は、「物理的にxを取り除く」という意味ではないのです。xには数が入るので、たとえば$x=2$ならば、$5x-x$は、$5\times2-2$という意味なのです。$5\times2-2=10-2=8$であり、5にはなりません。

(2) $4x+3y=7xy$という間違いも起こります。「うっかりミス」かもしれませんが、$4xy+3xy=(4+3)xy=7xy$と同じには計算できません。xとyには、まったく異なる数が入りうるからです。たとえば$x=5$、$y=7$とすると、$4\times5+3\times7=7\times5\times7$となってしまいます。式のたし算やひき算ができるのは、同じ文字で、係数だけが異なる場合だけです。

2　連立方程式

今まで扱ってきた方程式は、未知数が１つだけでした。たとえば、次のような問題です。

「水槽に、最初に12L水が入っていて、毎分3Lの水を注入すると、水の量が24Lになるのは何分後でしょうか？」

何分後かがすぐにはわからないので、とりあえず「x分後」と考えます。そして、与えられた条件を、式で表してみるのでした。

毎分3Lの水を入れるので、x分間で、3L/分×x分の水が注入されます。xは、水の量がちょうど24Lになる時刻でしたから、次の式が成り立ちます。量の単位を取りはずして、数だけの関係式で表しています。

$$12+3x=24$$

両辺から12をひく

$$12+3x-12=24-12$$

$$3x=12$$

両辺に$\frac{1}{3}$をかける

$$\frac{1}{3}\times 3x=\frac{1}{3}\times 12$$

$$x=4$$

このような計算が、これまで学習してきた、「未知数が１つの方程式」です。

ここでは新しく、未知数が２つの方程式を考えてみます。次のような例から入りましょう。

2種類の釘A、Bを、何個かずつ購入したのですが、それぞれ何個買ったかわからなくなってしまいました。しかし、支払った金額は両方で19円であり、両方の合計の重さは18gであることはわかっています。さらに、釘A、Bの価格は、Aが5円/個、Bが3円/個であることと、重さについても、Aが6g/個、Bが2g/個であることはわかっています。

この場合、Aをx個、Bをy個買ったとすると、次のように2つの関係式が得られます。

5円/個×x個＋3円/個×y個＝19円
6g/個×x個＋2g/個×y個＝18g

ここで、量の単位を取りはずして、数についての関係に直すと次のようになります。

$$5x+3y=19$$
$$6x+2y=18$$

2つの式をまとめて、次のように表にします。

$$\begin{cases} 5x+3y=19 \\ 6x+2y=18 \end{cases}$$

このような式を「連立方程式」といいます。未知数がx、yと2つあり、文字式が2つある方程式です。

x^2、y^2、xyなどの2次の項がないので、詳しくは「連立1次方程式」ともいいます。

3　連立方程式の解法①加減法

連立方程式の解の見つけ方、すなわち「解法」には、大きく分けて2通りあります。最初に「加減法」について学びます。

連立方程式には未知数が2つあるので、未知数を1つに減らしたいのです。yを消してxだけの方程式にできれば、等式を変形する方法でxが求められるからです。

yを消すのにわかりやすい連立方程式は次のような場合です。

$$\begin{cases} 3x+2y=12 & \cdots(1) \\ 5x-2y=4 & \cdots(2) \end{cases}$$

このような場合には、(1)式と(2)式の左辺を加えると、yのところが、$2y-2y=0$となって、yの項が自然になくなってくれるのです。

(1)式の左辺と、(2)式の左辺をたし算します。左辺と右辺は同じ数を表し、また、両辺に同じ数をたしても等式は成り立ちます。つまり、同じことを右辺でも行なえば、等式は成り立つので、次のようになります。(1)+(2)=(3)が得られます。

$$\begin{array}{rl} 3x+2y=12 & \cdots(1) \\ +)\ \underline{5x-2y=4} & \cdots(2) \\ 8x+0y=16 & \cdots(3) \end{array}$$

これで、2つあった未知数のうち、yが消えてxだけの方程式になったので、今まで通りにxが求められます。

$$
\begin{aligned}
8x &= 16 \\
\frac{1}{8}\times 8x &= \frac{1}{8}\times 16 \\
x &= 2
\end{aligned}
$$

両辺に$\frac{1}{8}$をかける

xの値が定まるので、(1)または(2)式に代入すれば、yだけの方程式になります。ここでは(1)に代入してみます。

$$3\times 2+2y=12$$ ←xに2を代入する

$$2y=12-6=6$$ ←両辺から6をひく

$$\frac{1}{2}\times 2y=\frac{1}{2}\times 6$$ ←両辺に$\frac{1}{2}$をかける

$$y=3$$

連立方程式の解は、2つをセットにして、次のように表します。

$$
\begin{cases}
x=2 \\
y=3
\end{cases}
$$

連立方程式の解が得られたら、正しいかどうかをチェックしておきましょう。元の方程式に代入して確かめてみます。

$$
\begin{cases}
3\times 2+2\times 3=6+6=12 & \cdots(1) \\
5\times 2-2\times 3=10-6=4 & \cdots(2)
\end{cases}
$$

となりますから、2つの方程式の右辺と等しくなることがわかり、正しい解であることが確認できました。このような計算を「検算」といいます。

このように、(1)と(2)の方程式で、yの係数の符号が正反対ならば、(1)+(2)を考えればいいわけです。

ところが、

$$\begin{cases} 5x+3y=19 & \cdots (1) \\ 6x+2y=18 & \cdots (2) \end{cases}$$

のような場合には、どうすればいいでしょうか？

ここで考えられるのは、yの係数をそろえるために、(1)と(2)の両辺に数をかけてみることです。(1)には3をかけ、(2)には2をかけ算すると、yの係数が同じ6になります。

$$\begin{cases} (1)\times 2 & 2\times(5x+3y)=2\times 19 & \cdots (1)' \\ (2)\times 3 & 3\times(6x+2y)=3\times 18 & \cdots (2)' \end{cases}$$

×2

×3

$$\begin{cases} 10x+6y=38 & \cdots (1)' \\ 18x+6y=54 & \cdots (2)' \end{cases}$$

yの係数がともに6になったので、今度は、(1)′−(2)′を計算すればいいわけです。左辺から左辺、右辺から右辺をひき算します。$6y$は消えてしまいます。

$$10x-18x=38-54$$
$$-8x=-16$$

$$\frac{1}{-8}\times(-8x)=\frac{1}{-8}\times(-16)$$ 両辺に$-\frac{1}{8}$をかける

$$x=2$$

これで、xが求められました。yを求めるために、$x=2$を(1)に代入します。

$$5\times2+3y=19$$
$$3y=19-10$$ 両辺から10をひく
$$3y=9$$
$$y=3$$ 両辺を3でわる

これで、連立方程式の解が得られました。

$$\begin{cases} x=2 \\ y=3 \end{cases}$$

これも、検算をしておきましょう。$x=2$と$y=3$を2つの方程式の左辺に代入します。

$$\begin{cases} 5\times2+3\times3=10+9=19 & \cdots(1) \\ 6\times2+2\times3=12+6=18 & \cdots(2) \end{cases}$$

となりますから、元の方程式の右辺になり、正しい解であることが確かめられました。

今紹介した方法は、(1)、(2)のyの係数をそろえて、yをなくすことから始めましたが、先にxの係数をそろえて、xを消すことから始めても同じことです。

今度はxを先に消してみます。

(1)には6をかけ、(2)には5をかけ算すると、xの係数が同じ30になります。

$$\begin{cases}(1)\times 6 & 6\times(5x+3y)=6\times 19 & \cdots (1)' \\ (2)\times 5 & 5\times(6x+2y)=5\times 18 & \cdots (2)'\end{cases}$$

×6

×5

$$\begin{cases}30x+18y=114 & \cdots (1)' \\ 30x+10y=90 & \cdots (2)'\end{cases}$$

xの係数がともに30になったので、(1)′−(2)′を計算すればいいわけです。左辺から左辺、右辺から右辺をひき算します。$30x$は消えてしまいます。

$$18y-10y=114-90=24$$
$$8y=24$$
$$\frac{1}{8}\times(8y)=\frac{1}{8}\times 24$$
$$y=3$$

両辺に$\frac{1}{8}$をかける

これで、yが求められました。xを求めるために、$y=3$を(1)に代入します。

$$5x+3\times 3=19$$
$$5x=19-9=10$$
$$5x=10$$
$$x=2$$

両辺から9をひく

両辺を5でわる

これで、連立方程式の解が得られました。

$$\begin{cases} x=2 \\ y=3 \end{cases}$$

同じ解ですから、検算の計算はここでは省略しておきます。

4 連立方程式の解法②代入法

次のような連立方程式の場合は、どのように解けばよいでしょうか？　一緒に考えてみましょう。

$$\begin{cases} y=2x-2 & \cdots (1) \\ 3x-2y=1 & \cdots (2) \end{cases}$$

この方程式を、加減法でも解くことはできます。しかし、連立方程式を解くには、「未知数を1つにする」ことができればよかったのでした。

せっかく(1)で、yがxを使った文字式で表されているのですから、その式をそのまま(2)のyに代入すれば、xだけを使った文字式が得られます。

(1)を、(2)のyに代入してみましょう。

×(−2)

$$3x-2(2x-2)=1$$
$$3x-4x+4=1$$
$$-x=1-4=-3$$

$$x=3$$ 両辺を－1でわる

という具合に、簡単にxが求められます。この$x=3$を(1)式に代入すれば、yが求められます。

$$y=2\times3-2=6-2=4$$

連立方程式の解は、

$$\begin{cases} x=3 \\ y=4 \end{cases}$$

となります。検算もしておきましょう。上の計算から(1)は明らかに成り立ちます。(2)の左辺に$x=3$、$y=4$を代入してみます。

$$3\times3-2\times4=9-8=1=\text{右辺}$$

となるので、正しい解であることがわかります。このような方法を「代入法」といいます。

代入法は、$y=\square x+\bigcirc$という形になっていなくても使えます。次のような例の場合です。

$$\begin{cases} 2x+3y=5 & \cdots(1) \\ 3x+y=11 & \cdots(2) \end{cases}$$

(2)式を変形して、容易に、$y=-3x+11$とできるからです。これを(1)に代入すれば、xだけの式になるので、方程式を解くことができます。

もっとも、加減法でも、(2)を3倍して(1)から引けばいいので、どちらでも、好きな方法で解いてよいのです。

また、代入法を使って解ける連立方程式で、2つの式とも、$y=$になっている次のような例もあります。

$$\begin{cases} y=3x+9 & \cdots (1) \\ y=-2x-9 & \cdots (2) \end{cases}$$

(1)式のyを(2)式に代入すれば、式を整理してxの値を求めることができます。

$$3x+9=-2x-1$$

両方の式を等しいと置くので、特に、「等置法」とも呼ばれますが、「代入法」の特別な場合にすぎません。

TeaTime　連立方程式、どの方法で解くのか？

連立方程式の解き方には、「加減法」と「代入法」があることを説明してきました。生徒の質問で多いのが、「どういう場合に加減法を使い、どういう場合に代入法を使うのですか？」というものです。

それに対する答えは、「決まった方法はありません。どちらでも自分のやりやすい方法を使えばいいのです」となります。たとえば次の連立方程式は、どちらで解いても大差ありません。

$$\begin{cases} x+y=7 & \cdots (1) \\ 3x-2y=1 & \cdots (2) \end{cases}$$

大事なことは、自分はどの方法で解くかをはっきりと決めて、自覚して解いていくことです。

A：「加減法で解こう。はじめにyを消去しよう」と決めたとすれば、次のようになります。

(1)×2を計算します。$2x+2y=14$　…(3)

(2)+(3)で、yが消去できます。$5x+0y=15$、両辺を5でわって、$x=3$が求められます。

B：「代入法で解こう。yをxで表して、代入しよう」と決めたなら、その方針で計算していきましょう。(1)から、$y=-x+7$として、(2)に代入します。$3x-2(-x+7)=1$、これで、xだけの方程式になりました。計算をして簡単にします。$3x+2x-14=1$、$5x=15$、$x=3$と求められます。$y=-x+7$に代入して、$y=-3+7=4$となります。

というわけで、加減法でも代入法でも、どちらで求めてもいいのです。自分の好みに応じて、好きな方法で解けば大丈夫です。

「どちらの方法で解けばいいか？」などと、悩む必要はありません。「数学は自由」なのですから。

練習問題3-3　次の連立方程式を解いてください。

(1)　$\begin{cases} 3x+2y=5 \\ 4x-3y=1 \end{cases}$

(2)　$\begin{cases} -2x+3y=7 \\ 5x+4y=40 \end{cases}$

(3)　$\begin{cases} y=5x-5 \\ 2x+3y=19 \end{cases}$

答は251ページ

5　連立方程式で表せる量の関係

未知数のxやyを求める連立方程式は、日常や社会のなかで未知の量を知りたいときに使われます。

多種多様な量が登場するので全部を列挙することはできませんが、代表的な量の関係を整理しておくのは役に立つので、ここでは連立方程式によく出てくる量の関係をまとめてみましょう。

「1当たり量」×「数量」=「全体量」

これは、かけ算の基本形です。2種類の物の個数が未知で、x、yと置きます。xやyには、長さなどの連続的な量が入ってもかまいません。

(1)　「1個(m)当たり価格」×「個数(長さ)」=「金額」の例

3円/個×x個+4円/個×y個=100円

$$30円/\mathrm{m} \times x\mathrm{m} + 40円/\mathrm{m} \times y\mathrm{m} = 1000円$$

（2）「1個(m)当たりの重さ」×「個数(長さ)」=「全体の重さ」の例

$$2\mathrm{g}/個 \times x個 + 4\mathrm{g}/個 \times y個 = 50\mathrm{g}$$
$$7\mathrm{g}/\mathrm{m} \times x\mathrm{m} + 6\mathrm{g}/\mathrm{m} \times y\mathrm{m} = 50\mathrm{g}$$

この他、面積や体積、割合など、いろいろな量が出てきます。

「速さ」×「時間」＝「距離(蓄積量)」

次に典型的なのが、速さに時間をかけて距離になる場合です。時速20km×3時間＝60kmというような場合です。

距離の単位は、cmやmmもあり、時間の単位も「分」や「秒」などあるので、これだけでも組み合せはいろいろになります。

また、「速さ」といっても、「水の増える速さ」、「重さが増える速さ」などの場合も考えられます。こういう場合にはその時間に「蓄積された量」が得られます。

代表的な例をいくつかあげておきましょう。

$$30\mathrm{km}/時 \times x時間 + 20\mathrm{km}/時 \times y時間 = 100\mathrm{km}$$
$$20\mathrm{m}/分 \times x分 + 15\mathrm{m}/分 \times y分 = 60\mathrm{m}$$
$$5\mathrm{cm}/秒 \times x秒 + 6\mathrm{cm}/秒 \times y秒 = 20\mathrm{cm}$$
$$2\mathrm{L}/分 \times x分 + 3\mathrm{L}/分 \times y分 = 20\mathrm{L}$$
$$5\mathrm{g}/秒 \times x秒 + 7\mathrm{g}/秒 \times y秒 = 15\mathrm{g}$$

3 変数を用いた１次関数

正比例関数については、前にも説明しましたが、もう一度整理しておきましょう。

量の関係式として、「１当たり量」が一定の場合、「いくつ分」あるいは「いくら分」が変われば、全体量もそれにあわせて変化しました。

たとえば、水槽に水道の蛇口から水を入れていく場合のように、１分間に注入する水の量、「１当たり量」が、3L/分で一定で、いくら分を変数の文字xを使って、x分とするとき、全体量yLは、次の式で表せました。

yL＝3L/分×x分

変数だけの関係で表せば、

$$y=3x$$

です。

このようなときに、「yはxに正比例する」というのでした。このような関数を「正比例関数」といい、$y=3x$の3

は「比例定数」というのでした。

ここで、最初から水槽に水が入っていた場合を考えてみましょう。最初に8Lの水が入っていたとすれば、x分後の水の量は、8Lにx分間で注入される量を加えて、次のように表せます。

$$y\text{L} = 8\text{L} + 3\text{L/分} \times x\text{分}$$

量の単位をとれば、

$$y = 8 + 3x = 3x + 8$$

となります。

このように、変数の働きをする文字xの1次式で表される関数を、「1次関数」といいます。

入力と出力の対応する表は次のようになります。

入力xの値	0	1	2	3	4
yの増加量	0	3	6	9	12
出力yの値	8	11	14	17	20

yの増加する量だけ見れば、xの変化に対して、「正比例関数」になっています。出力yの値は、これに、はじめにあった量8を加えているだけです。

「1次関数」は、「正比例関数＋定数」という形をしているのです。「定数」というのは、$x = 0$のときのyの値で、初期の値であることから、「初期値」とも呼ばれます。

1次関数を一般的に表すと、次のようになります。

$$y = ax + b$$

全部が文字で表されていますが、それぞれの働きは異なります。

aとbは、「不定の定数」としての働きで、どんな数でもよいのですが、問題内では変化しない特定の数を表しています。

aとbの値が定まると、1次関数がひとつ定まります。xとyは、この関数を表すための文字で、いろいろな値をとって変化していきます。xはいろいろな値をとれるのですが、xの値を決めると、yの値も決まります。その決まり方が、「関数」なのです。

ですから、あえて、混乱する人もいるかもしれませんが、説明しておくと、関数を表す変数の文字x、yは、他の文字でもいいのです。

$$y = 3x + 8$$
$$s = 3t + 8$$

この2つの関数はまったく同じ関数なのです。入力したものを「3倍して8を加えて出力する」という、操作・働きはまったく同じなのですから。

もっとも、中学の数学では入力の文字としてxを使い、出力の文字としてyを使うことが多いのですが、それに慣れすぎると、後で不自由になってくることがあります。数学を学ぶ頭脳は常に柔らかく、柔軟に考える習慣をつけていきたいものです。

1　変化の割合は一定

関数yの「変化の割合」というのは、xの値の変化量１に対して、yがどのくらい変化するかを表したものです。

たとえば、関数$y=3x+8$という１次関数において、xが２から５まで３変化したときのことを考えてみましょう。$x=2$のときのyの値は、$y=3\times2+8=6+8=14$です。$x=5$のときの値は、$y=3\times5+8=15+8=23$です。このときの「変化の割合」は、次のように計算できます。

$$\frac{23-14}{3}=\frac{9}{3}=3$$

この値は、１次関数の正比例関数の部分の比例定数にほかなりませんが、これは偶然ではなく、いつもそうなるのです。

１次関数$y=ax+b$の「変化の割合」を計算してみましょう。入力が、任意の値xから、もうひとつの任意の値x'に変化したときの「変化の割合」を計算してみます。

$$「変化の割合」=\frac{(ax'+b)-(ax+b)}{x'-x}$$

分子のカッコをはずす

$$=\frac{ax'-ax}{x'-x}$$

$$= \frac{a(x'-x)}{x'-x}$$

分子をカッコでまとめ、約分する

$$= a$$

「1次関数」＝「正比例関数」＋「定数」でしたが、xが変化して、変わる部分は「正比例関数」の部分だけです。

正比例関数の変化の割合は、1当たり量を表す「比例定数」でしたから、$y = ax + b$の変化の割合がaになるのは、計算してみなくても当然のことです。

2　1次関数のグラフ

1次関数$y = 2x + 3$のグラフを描いてみましょう。

正比例関数$y = 2x$のグラフは左図のように描けます。

このグラフをもとに、すべてのxの値のときに、3を加えてやればいいのです。右の図のように、正比例のグラフがy方向の上のほうへ、3だけ移動しているのがわかります。

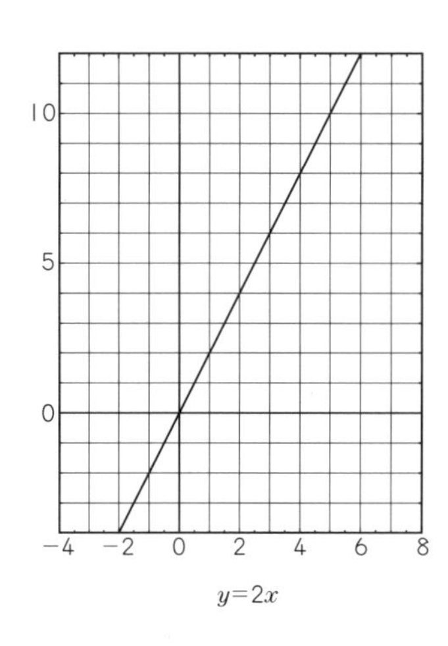

$y=2x$

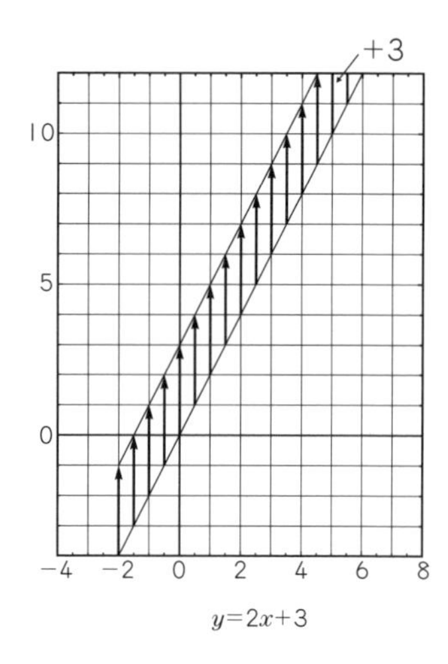

$y=2x+3$

上側にある直線が、$y=2x+3$のグラフです。

正比例関数は、xがどのような値でも、xが1増えれば、yは比例定数の分だけ増えるのでした。

この性質は、1次関数でも引き継がれて成立します。次の図を見ればわかることと思います。

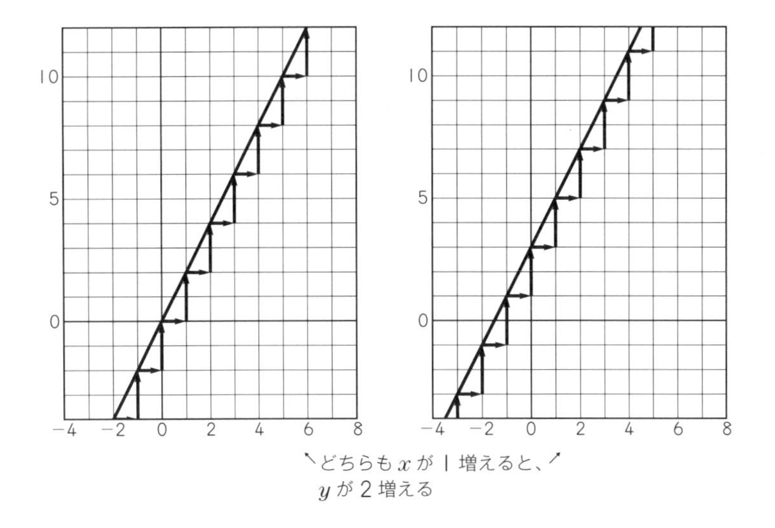

3　直線の傾きとx切片・y切片

斜面の傾き

箱根駅伝などの駅伝競技では、上り坂の部分と下り坂の部分、平坦な部分とが入り混じっています。上り坂に強いといわれる選手もいますが、上り坂にもいろいろあり、緩い上り坂もあれば、かなりの急な上り坂もあります。

このような斜面の勾配(傾き)を数値で表してみます。水平方向に100m進むと高低差が2mある坂と、水平方向に200m進むと高低差が3mある坂とを比較する場合、この高低差の数値をそのまま比較してはダメでしょう。

A地点からB地点までの「坂の傾き」を数値で表すには、

1m当たりの高低差で表すのがよさそうです。

水平方向へ100m進むと高低差が2mある坂の傾きは

$$「坂の傾き」=\frac{「高低差」}{「水平距離」}$$

$$=\frac{2}{100}$$

$$=0.02$$

坂の傾きを、水平距離を100として、高低差が何パーセント(%)あるかという数値で表すことがあります。0.02の勾配は2%の勾配です。

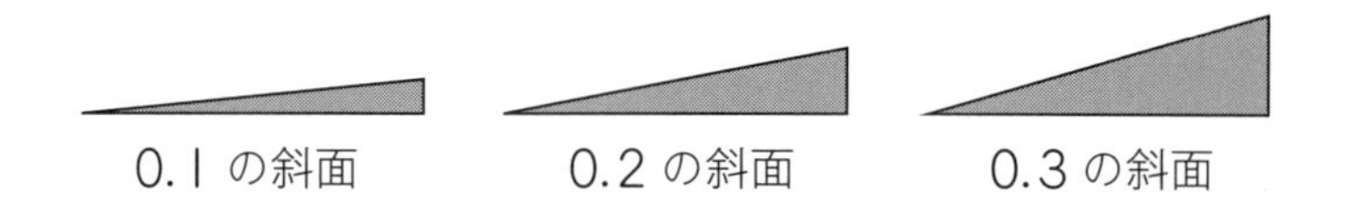

図は、傾きが、0.1、0.2、0.3の斜面です。普通の道路ではこのような急勾配の道はありません。箱根駅伝のもっとも険しい坂でも、勾配は数値としてはそれほど大きくありません。

一番きついといわれるのは、5区の小田原中継所から芦ノ湖までの23.2kmで、高低差は873m(0.873km)です。傾きを計算してみます。

$$「傾き」=\frac{0.873}{23.2}\fallingdotseq 0.0376(3.76\%)$$

これは、途中の勾配を平均した数値です。

短い区間で一番勾配がきついのは、恵明学園前から湯坂路の約2kmの間で、高低差が約268m（0.268km）です。この区間の傾きは次の値です。

$$「傾き」=\frac{0.268}{2}=0.134（13.4\%）$$

直線の傾き

斜面や坂と関係ない、直線についても、「直線の傾き」を求めることができます。

直線$y=\frac{4}{3}x+5$上のある点A（3,9）から、他の点B（6,13）まで直線上を移動したとき、水平のx方向へ6－3＝3進む間に、y方向は13－9＝4変化したので、この間の直線の傾きは次のようになります。

$$「直線の傾き」=\frac{13-9}{6-3}=\frac{4}{3}$$

この値は、1次関数の「変化の割合」と同じです。

1次関数$y=\frac{3}{5}x+2$の直線の傾きは$\frac{3}{5}$となって、x方向へ5進むとき、y方向へは3進むことになります。

x方向へ1進むときには、y方向へ$\frac{3}{5}$進むことになります。

一般に、1次関数$y=ax+b$の「変化の割合」は、正比例関数の部分の比例定数aでしたが、この値が、グラフ上では、「直線の傾き」になっているのです。

直線の傾きは、負の値でもよいのですが、その場合は右下がりの直線で、斜面でいえば、下り坂になります。

直線$y=-\frac{2}{3}x+2$のグラフは、xの正の方向、右へ3進むと、y方向に－2、つまり、下方へ2進む直線となります。

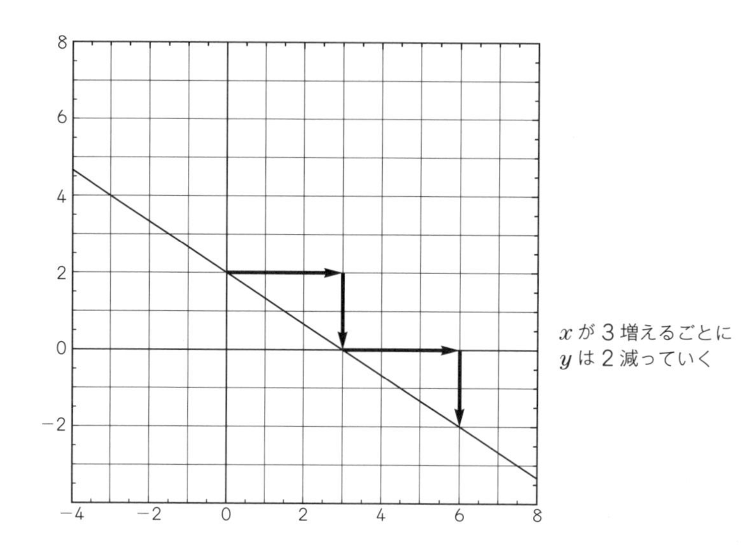

下の図は、いろいろな傾きの直線を示したものです。

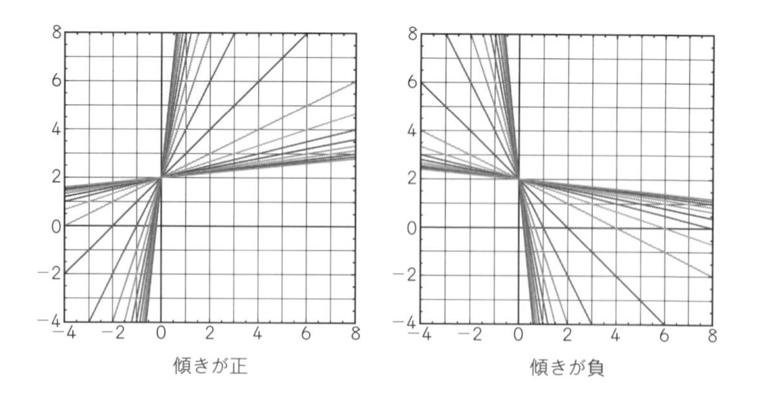

左の図は傾きがすべて正の直線で、右側は傾きがすべて負の直線です。

x切片とy切片

次の図は、直線$y=-\frac{3}{4}x+3$のグラフです。

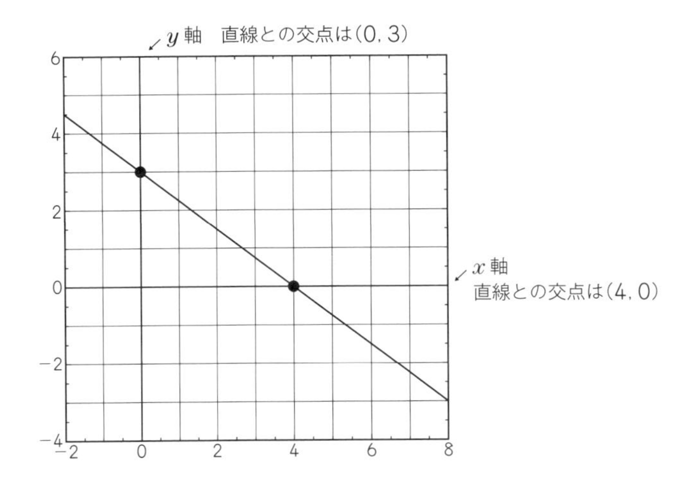

この直線と、x軸との交点は、図からわかるように、点(4,0)です。y軸との交点は(0,3)です。

これらの点は、そこで、x軸やy軸を2つに切って分けているので、「x切片」、「y切片」と呼びます。

y切片の値は、直線の式$y=-\frac{3}{4}x+3$において、$x=0$のときのyの値なのですぐにわかります。$x=0$のとき、$y=-\frac{3}{4}\times0+3=3$ですから。

直線の式$y=-\frac{3}{4}x+3$から、x切片を求めようとすると、$y=0$となるときのxの値を求めるので、次のような方程式を解かなければなりません。

$$-\frac{3}{4}x+3=0$$

この方程式を解いてみましょう。

$$-\frac{3}{4}x+3=0$$

↓ ＋3を移項する

$$-\frac{3}{4}x=-3$$

↓ 両辺に$-\frac{4}{3}$をかける

$$-\frac{4}{3}\times\left(-\frac{3}{4}x\right)=-\frac{4}{3}\times(-3)$$

↓ 約分する

$$x=\frac{(-4)\times(-3)}{3}$$

$$x=4$$

図で見たのと同じで、x切片は(4,0)であることがわかります。

このように、x切片を求めるのは方程式を解かなければならないので、普通は面倒な計算になります。

たとえば、直線の式$y=2x+1$からその図を描くには、y切片は容易に(0,1)であることがわかりますから、そこから、傾きが2の直線を描いてやればいいわけです。つまり、右へ1行って上へ2進む傾きの直線を描けばいいのです。

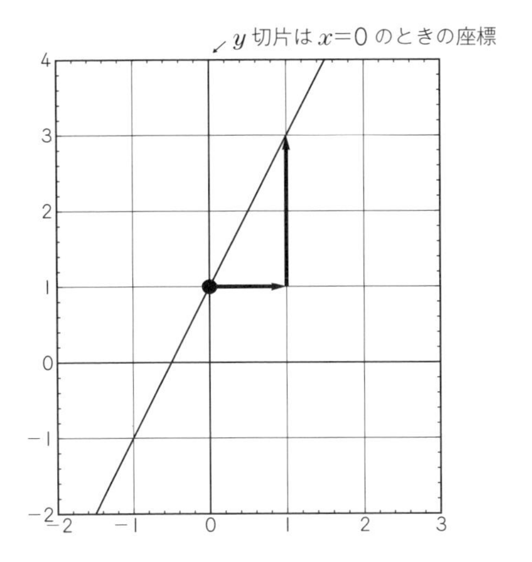

というわけで、直線の式を$y=ax+b$と書き表している場合には、x切片よりy切片のほうが使い勝手がいいので、中学校の教科書では、x切片のことを扱わずに、y切片のことを単に「切片」といっているほどです。

4　x切片とy切片がわかるときの直線の式

次のような式で表せる直線のグラフを調べてみましょう。

$$\frac{x}{5}+\frac{y}{3}=1$$

y切片の値を調べるために、$x=0$を代入してみます。

$$0+\frac{y}{3}=1$$

両辺に3をかける

$$y=3$$

y切片は$y=3$で、y軸とは(0,3)で交わります。

x切片の値を調べるのに、$y=0$を代入してみます。

$$\frac{x}{5}+0=1$$

両辺に5をかける

$$x=5$$

x切片は$x=5$で、x軸とは(5,0)で交わります。

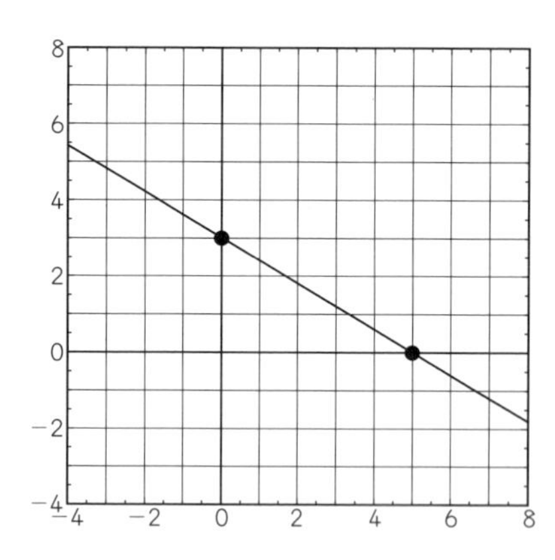

x切片とy切片の
2点が決まれば
直線が描ける

一般に、次の式で表せる直線

$$\frac{x}{a}+\frac{y}{b}=1$$

は、x切片が$(a,0)$、y切片が$(0,b)$となります。

2点を通る直線は1本に定まるので、2つの切片を結んで直線が描けることになります。

TeaTime　グラフで間違える例

ときどき、直線のグラフを間違える生徒がいます。

$y=2x+3$のグラフを次のように描いてしまう間違いです。

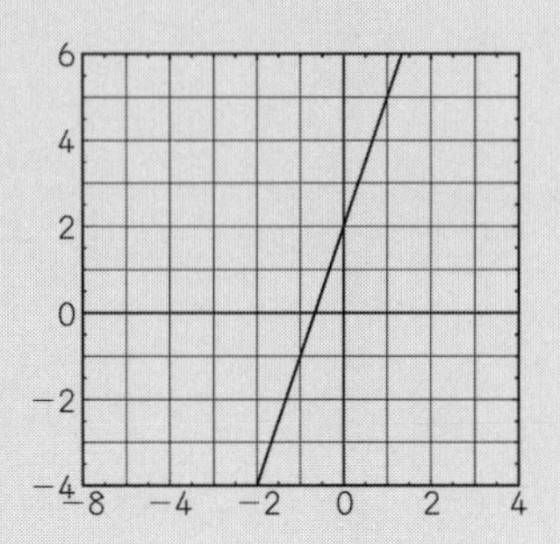

これは、傾きと切片を逆にしてしまった間違いですが、直線のグラフを描いたら、正しいかどうかいつもチェックするようにしたいものです。

簡単なチェックは、$x=0$のときの値を確認する方法です。$y=2x+3$ならば、$y=2\times0+3=3$となるはずです。自分の描いたグラフが、$x=0$のとき$y=3$となっているかどうかを確かめてみれば、グラフが正しいかどうかわかります。

ちなみに、$y=2x+3$の正しいグラフは次のようになります。

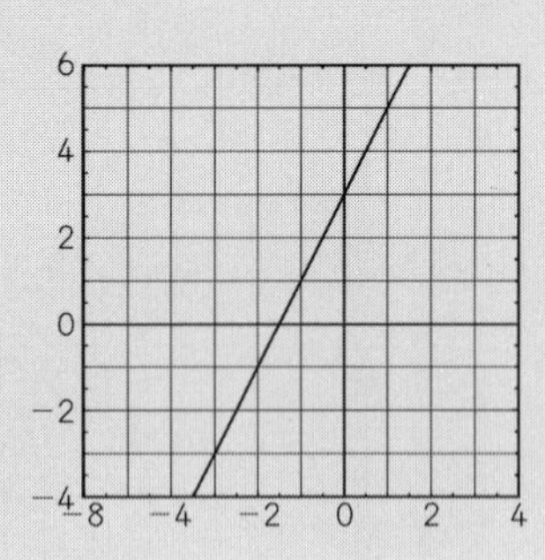

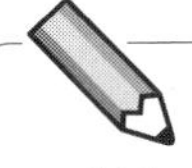

練習問題3-4

（1）1次関数$y=4x+2$のグラフは直線になりますが、この直線の傾きとy切片はいくらですか。

（2）式$y=2x-3$のグラフを描いてください。

（3）式$y=-\frac{1}{2}x+2$のグラフを描いてください。

答は252ページ

4 連立1次方程式と1次関数

1 連立方程式の解と2直線の交点

連立1次方程式におけるx、yは、ある特定の数を表していますが、当面はその数値がわからないという文字の使い方でした。

1次関数における文字x、yは、いろいろな数に変化する「変数」で、xからyが定まる規則が「関数」でした。

文字の働きは異なるのですが、働きはいろいろに変化していくのです。

次のような具体的な連立方程式で考えてみましょう。

2種類の虫A、Bがいて、小さいほうの虫Bは大きい虫Aの餌になっています。東西に一直線上に伸びた木の棒があって、大きい虫Aは、時刻0分のときに、基準となる棒の端から2mの位置にいて、毎分2mの速さで西から東に向けて進んでいます。小さい虫Bは、時刻0分のとき、棒の端から5mの位置にいて、毎分$\frac{1}{2}$mの速さで東に向けて歩き始めました。

ある時刻x分のとき、同じ位置ymのところで、大きい虫Aは、小さい虫Bに出会い、虫Bを食べてしまいます。

何分後にどの位置で出会ってしまうのでしょうか？

「x分後にymのところで出会う」として、xとyの関係式を2つ考えてみます。

大きい虫Aは、出発点は2mのところで、そこから毎分2mの速さで進むので、x分後の位置は次のように表せます。

$$y=2x+2 \qquad \cdots (1)$$

小さい虫Bは、出発点は5mのところで、そこから毎分$\frac{1}{2}$mの速さで進むので、x分後の位置は次のように表せます。

$$y=\frac{1}{2}x+5 \qquad \cdots (2)$$

連立方程式の解x、yというのは、(1)と(2)の両方を同時に満たす値で、特定の数になるのですが、はじめは未知数です。

ところで、(1)式だけを見ると、この式は1次関数を表しているのがわかります。この式は、大きいほうの虫Aの動きを表しています。変数x、yはいろいろな値をとって変化していきます。

この1次関数のグラフは、y切片が2で、傾きが2の直線です。

(2)の式についても同じで、この式は1次関数を表し、小さい虫Bの動きを表しています。変数x、yはいろいろな値に変化していきます。

この1次関数のグラフは、y切片が5で、傾きが$\frac{1}{2}$の直線です。

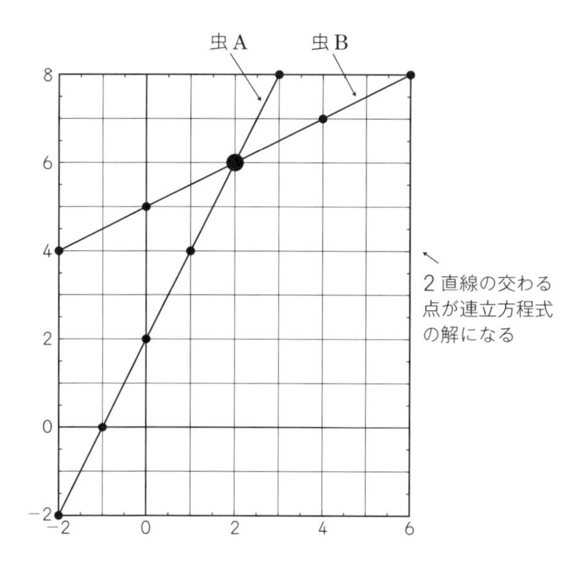

連立方程式の解というのは、(1)と(2)を両方とも同時に満たす数値(x,y)のことですから、「2直線の交点の値」が解を表していることになります。

方眼紙に直線の図をきちんと描けば、2直線の交点は(2,6)であることがわかります。つまり求めたい連立方程式の解は、$x=2$、$y=6$になります。

(1)だけ見れば、xは直線上のどんな値でもとりえます。(2)だけ見ても、xは直線上のどんな値でもとりえます。

(1)、(2)を同時に満たす値となると、(1)、(2)の交点しかありません。

このように、連立方程式の解は、2直線の交点の座標として定まるのです。

ただし、連立方程式の解を、2直線の交点として求めるには、直線のグラフを正確に描けなければなりません。

次の例で調べてみましょう。

$$\begin{cases} 2x+3y=9 & \cdots (1) \\ 3x-4y=5 & \cdots (2) \end{cases}$$

(1)、(2)とも、このままでは、傾きもy切片もわからないので、直線のグラフは描けません。$y=□x+○$の形に整理します。(1)は次のように変形できます。

$$2x+3y=9$$
$$3y=-2x+9$$

$2x$を右辺に移項する

$$y=-\frac{2}{3}x+3$$ 両辺を3でわる

これで、y切片(0,3)から出発し、右へ3進んで下方へ2進む直線のグラフが図示できます。

(2)は次のように変形できます。

$$3x-4y=5$$
3xを右辺に移項する
$$-4y=-3x+5$$
両辺を−4でわる
$$y=\frac{3}{4}x-\frac{5}{4}$$

この変形で、y切片は$-\frac{5}{4}$とわかりましたが、整数ではありませんから、正確なグラフを描くのは難しそうです。

そこで、どこかでyが整数になるように、$x=1$、$x=2$、$x=3$を代入してみるのです。$x=1$のときは$y=-\frac{1}{2}$、$x=2$のときは$y=\frac{1}{4}$、$x=3$のときは$y=1$となり、整数となります。

このことから点(3, 1)を通って、傾きが$\frac{3}{4}$の直線を描けばよいことがわかります。すなわち、点(3, 1)から、右に4進んで上方へ3進む直線です。

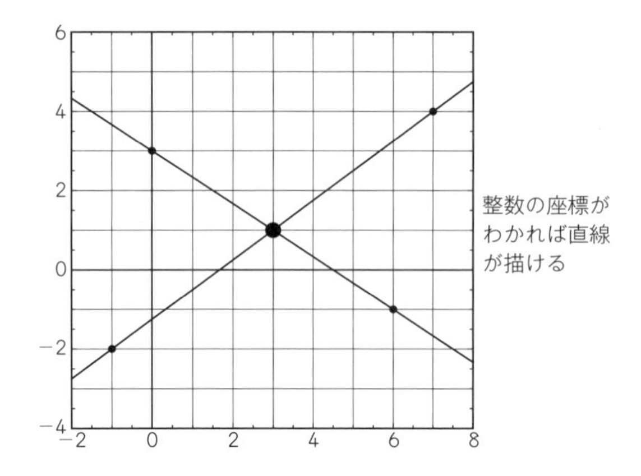

このように、連立方程式の解を、2直線の交点として図から求めるには、直線のグラフが簡単に、方眼紙の上に正確に描けることが必要です。

逆に、2直線のグラフの交点がわからないときは、対応する連立方程式を解いて解を求めると、それが交点の座標となるわけです。

連立方程式の解が小数や分数になる場合には、解の値を求めるのに、2直線の交点の座標を図から読み取るのは難しいのが普通です。

それでも、次のような特別な場合には、連立方程式に対応する直線のグラフを考えてみることが役に立ちます。

2　連立方程式の解がない場合

次のような連立方程式を解いてみましょう。

$$
\begin{cases}
3x-2y=6 & \cdots (1) \\
6x-4y=-8 & \cdots (2)
\end{cases}
$$

はじめに、計算で解いてみましょう。

yの項をなくすために、(1)×2−(2)を求めてみます。

$$
\begin{array}{rll}
(1)\times 2 & 6x-4y=12 & \cdots (1') \\
-) & 6x-4y=-8 & \cdots (2) \\
\hline
 & 0x+0y=20 & \cdots (3)
\end{array}
$$

$0x+0y=20$では、x、yにどんな値を入れても成り立ちません。このような場合は、「連立方程式には解がない」ことになります。

どうしてこんなことになっているかを理解するために、対応する直線のグラフを描いてみましょう。

(1)と(2)を、直線の傾きとy切片がわかるように変形すると次のようになります。

$$
\begin{cases}
y=\dfrac{3}{2}x-3 & \cdots (1) \\
y=\dfrac{3}{2}x+2 & \cdots (2)
\end{cases}
$$

この2つの直線は、傾きが同じなので、図のように平行になってしまいます。2直線は交わることがないので、交点は存在せず、(1)(2)を同時に満たす(x, y)はありえないわけです。

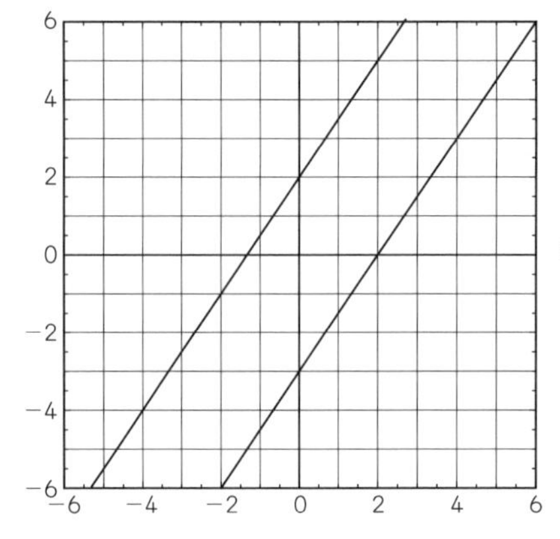

連立方程式に解がないのは、このように、2直線のグラフが平行で交わらない場合なのです。なんとなく、わかった気がしませんか？

3　連立方程式の解が無数にあって定まらない場合

次のような連立方程式を解いてみましょう。

$$\begin{cases} 2x-3y=4 & \cdots (1) \\ -2x+3y=-4 & \cdots (2) \end{cases}$$

yの項をなくそうとして、(1)＋(2)を計算してみると、

$$0x+0y=0 \qquad \cdots (3)$$

となってしまいます。この場合は、(3)のxとyに、どのよ

うな数を入れても成立します。

じつは、(2)は、(1)の両辺に-1をかけただけで、実質的には同じ式なのです。(3)の式ではx、yは何でもいいのです。連立方程式の解としては、xの値は自由にとれるのですが、xの値をひとつ定めると、yは、(1)から、$y=2x-4$で定まってきます。

このような、「連立方程式の解が無数にあり、定まらない」という状況を直線のグラフで調べてみましょう。(1)も(2)も、$y=\square x+\bigcirc$の形に変形すると、同じ式

$$y=\frac{2}{3}x-\frac{4}{3}$$

になって、2直線は重なってしまいます。

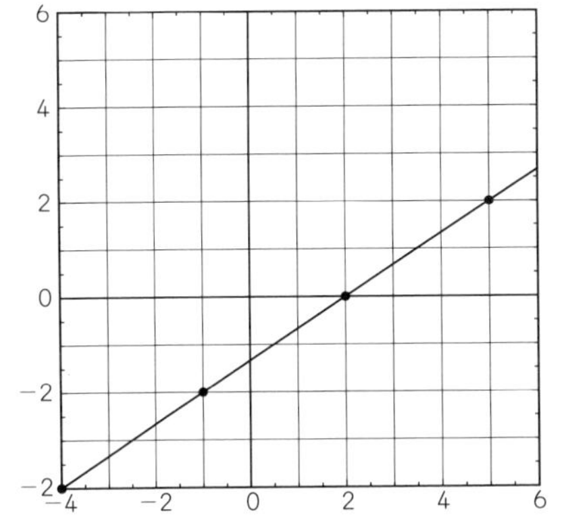

重なってしまった2直線上の点がすべて連立方程式の解になるというわけです。

練習問題3-5

(1)　連立方程式

$$\begin{cases} 2x - y = -3 \\ 2x - y = -1 \end{cases}$$

には、解がありません。それぞれが表す直線はどのようになっているのでしょうか。

(2)　連立方程式

$$\begin{cases} 2x - y = -3 \\ -4x + 2y = 6 \end{cases}$$

には、解がたくさんあり、ひとつに定まりません。それぞれが表す直線はどのようになっているのでしょうか。

答は252ページ

第4章
中学3年で出会う文字

1 多項式の展開

1　多項式と単項式の乗法

分配の決まり(分配法則)とは、次のような法則でした。

(□＋○)×△＝□×△＋○×△

△×(□＋○)＝△×□＋△×○

□、△、○には、整数はもちろん、小数、分数、正の数、負の数も入ります。また、これらの数を表すアルファベットが入ることもあります。

$3x(2x-y+4z)$は、分配法則を使って、次のように変形できます。このような変形を「展開」といい、変形することを「展開する」といいます。

$$\overset{\times 3x}{3x(2x-y+4z)}=3x\times 2x-3x\times y+3x\times 4z$$
$$=6x^2-3xy+12xz$$

多項式に単項式を後ろからかけても同じです。

$$\underset{\times(-2a)}{(3a+2b-c)\times(-2a)}=(3a)\times(-2a)+(2b)\times(-2a)-c\times(-2a)$$

$$= -6a^2 - 4ab + 2ac$$

係数に分数があっても同じです。

$$\frac{1}{3}x(9x+6y) = \frac{1}{3}x \times 9x + \frac{1}{3}x \times 6y$$

$\times \frac{1}{3}x$

$$= \frac{1}{3} \times 9x^2 + \frac{1}{3} \times 6xy$$

$$= 3x^2 + 2xy$$

$$(16a+8b-4c) \times \frac{1}{4}a = 16a \times \frac{1}{4}a + 8b \times \frac{1}{4}a - 4c \times \frac{1}{4}a$$

$\times \frac{1}{4}a$

$$= 4a^2 + 2ab - ac$$

2　多項式と単項式の除法

数の計算の場合、ある数でわるというのは、逆数をかけることと同じでした。

$$\square \div \bigcirc = \square \times \frac{1}{\bigcirc}$$

$15x^2+9xy$ を $3x$ でわる計算は、次のようになります。

$$(15x^2+9xy) \div (3x) = (15x^2+9xy) \times \frac{1}{3x}$$

$$=15x^2\times\frac{1}{3x}+9xy\times\frac{1}{3x}$$

$$=\frac{15x^2}{3x}+\frac{9xy}{3x}$$

約分する

$$=5x+3y$$

ここで、注意しておきたいのは、$(15x^2+9xy)\div(3x)$と書き表すべきところを、$(15x^2+9xy)\div 3x$と書き表すことがあることです。係数と文字の結びつきが極めて強いものと考え、$\div(3x)$とするべきところを$\div 3x$と、かっこをつけないことが多いのです。

$\bigcirc\div 4a$とあったら、$\bigcirc\div(4a)$という意味なのです。ただし、パソコンでは、○/4aと入力すると、$\bigcirc\div 4\times a$という意味になってしまうので注意が必要です。

3　多項式と多項式の乗法

$(a+b)(c+d)$という、多項式と多項式をかける計算は、分配法則を2度使って展開できます。

はじめに、$(a+b)=\bigcirc$として分配法則を使います。

$$(a+b)(c+d)=\bigcirc\times(c+d)$$

$$=\bigcirc\times c+\bigcirc\times d$$

ここで、$\bigcirc=a+b$と、元に戻して、もう一度分配法則を使います。

$$(a+b)\times c+(a+b)\times d$$
$$=ac+bc+ad+bd$$

結局、次の公式が得られます。

$$(a+b)(c+d)=ac+bc+ad+bd$$

この関係式は、次のような長方形の面積図で理解することもできます。大きな長方形の2辺は、$(a+b)$と$(c+d)$です。大きな長方形の面積を、4つに分けて計算できるという仕組みです。

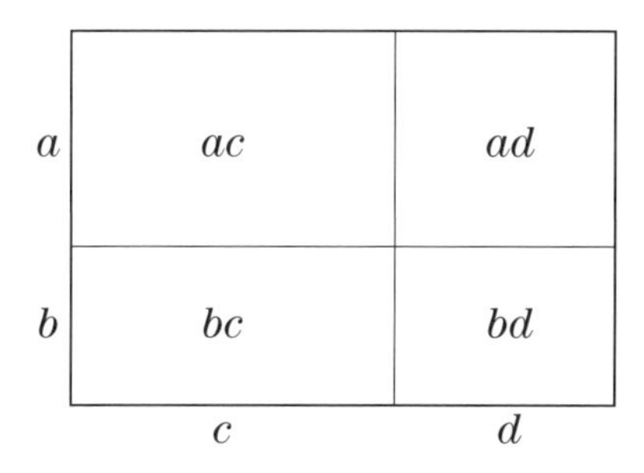

この展開式は、2つの多項式をかけるには、「(1つ目の多項式の）1番目と(2つ目の多項式の）1番目の積」、「1番目と2番目の積」、「2番目と1番目の積」、「2番目と2番目の積」を加えればいいことを示しています。

$(2x+3y)(4x-5y)$を、上の手順で展開してみましょう。

$$(2x+3y)(4x-5y)$$

（$\times 2x$、$\times 3y$）

$$=(2x)\times(4x)+(2x)\times(-5y)+(3y)\times(4x)+(3y)\times(-5y)$$

$$=2\times 4x^2+2\times(-5)xy+3\times 4xy+3\times(-5)y^2$$

同類項をまとめる

$$=8x^2-10xy+12xy-15y^2$$

$$=8x^2+2xy-15y^2$$

練習問題4-1　次の式を展開してください。

（1）　$(a^2-ab+b^2-3b+5)\times(2a)$

（2）　$(a+2b-3c)(2a-3b+4c)$　答は252ページ

$(x+3)(x+4)$の展開

この式を展開するには、展開の公式を使うのではなく、分配法則を使うほうがわかりやすいでしょう。

$(x+4)$にxをかけて、x^2+4xとなり、$(x+4)$に3をかけて$3x+12$となり、この両者を加えればいいだけですから。

$$(x+3)(x+4)=x(x+4)+3(x+4)$$

（$\times x$、$\times 3$）

$$=x^2+4x+3x+12$$

$$=x^2+7x+12$$

同類項をまとめる

3と4の部分を文字で表して公式にすると、次のようになります。

$$(x+a)(x+b)=x(x+b)+a(x+b)$$
$$=x^2+bx+ax+ab$$
$$=x^2+(a+b)x+ab$$

まとめると次のようになります。

$$(x+a)(x+b)=x^2+(a+b)x+ab$$

これはいわゆる「公式」ではありますが、$(x+5)(x+2)$などの展開式にこの公式を使う必要はありません。単純に、分配法則を使うほうが自然です。

$$(x+5)(x+2)=x\overset{\times x}{(x+2)}+5\overset{\times 5}{(x+2)}$$
$$=x^2+2x+5x+10$$
$$=x^2+7x+10$$
同類項をまとめる

細かい公式まで覚えて、すべてを公式を使って計算するというのはかえって能率が悪いのです。公式は最低限のものだけ記憶して、少ない公式を使うほうが便利だと思います。

$(x+3)(x-4)$も次のように計算しましょう。

$$(x+3)(x-4)=x\overset{\times x}{(x-4)}+3\overset{\times 3}{(x-4)}$$
$$=x^2-4x+3x-12$$
$$=x^2-x-12$$
同類項をまとめる

$(x-2)(x-3)$も次のように計算しましょう。

$$(x-2)(x-3)=x\overset{\times x}{(x-3)}-2\overset{\times (-2)}{(x-3)}$$

$$=x^2-3x-2x+6$$
$$=x^2-5x+6$$
同類項をまとめる

$(a+b)^2$の展開

$(a+b)^2$も、分配法則を使って展開しましょう。

$$(a+b)^2$$
$$=(a+b)(a+b)$$
$$=a(a+b)+b(a+b)$$
$$=a^2+ab+ba+b^2$$
$$=a^2+2ab+b^2$$
同類項をまとめる

まとめると、

$$(a+b)^2=a^2+2ab+b^2$$

この公式はよく使うので、覚えておいて使ったほうが便利です。これを「2乗の公式」といいます。

公式をたくさん覚えるのは嫌だという人は覚えなくてもかまいません。分配法則さえわかっていれば、自分で式を展開できるからです。

$(x+a)^2$の展開も同じです。

$$(x+a)^2$$
$$=(x+a)(x+a)$$
$$=x(x+a)+a(x+a)$$

$$=x^2+xa+ax+a^2$$
$$=x^2+2ax+a^2$$

まとめると、

$$(x+a)^2=x^2+2ax+a^2$$

$(a-b)^2$などは、$(a+b)$の、bのところが$-b$となっただけですから、次のようになります。

$$(a-b)^2=a^2+2a(-b)+(-b)^2=a^2-2ab+b^2$$

$(x-a)^2$の展開も同じです。

$$(x-a)^2=x^2-2ax+a^2$$

$(x+3)(x-3)$の展開

$(x+3)(x-3)$も、分配法則を使って、普通に展開すればいいのです。

$$(x+3)(x-3)$$
$$=x(x-3)+3(x-3)$$
（$\times x$、$\times 3$）
$$=x^2-3x+3x-9$$
$$=x^2-9$$
（同類項をまとめる）

一般に、$(x+a)(x-a)$の展開は次のようになります。

第4章　中学3年で出会う文字

$$
\begin{aligned}
&(x+a)(x-a)\\
&=x(x-a)+a(x-a)\\
&=x^2-ax+ax-a^2\\
&=x^2-a^2
\end{aligned}
$$

xとaの「和$(x+a)$」と「差$(x-a)$」の積は、2乗の差x^2-a^2となるわけです。「和と差の積は2乗の差」といって、有名な公式ですが、覚えておいて使ってもいいですし、覚えておかなくても分配法則から計算すればいいのです。

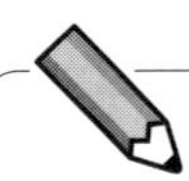

練習問題4-2　次の式を展開してください。

（1）　$(x+7)(x+2)$

（2）　$(x-7)(x-2)$

（3）　$(x+7)(x-2)$

（4）　$(x+6)(x-6)$

（5）　$(a+2b)(a-2b)$

答は252ページ

項が3つの多項式の展開

はじめに、項が3つの分配法則を示しておきましょう。

$$
\begin{aligned}
(a+b+c)(x+y+z)&=ax+ay+az\\
&\quad+bx+by+bz+cx+cy+cz
\end{aligned}
$$

$(a+b+c)$ $(x+y+z)$を計算するには、aをx、y、zのそれぞれにかけ、bをx、y、zのそれぞれにかけ、cをx、y、zのそれぞれにかけてやって、9個の和を求めればよいのです。

この分配法則を、項が2つの場合の分配法則から機械的な計算で示すことはできますが、それより、次の図のように、長方形の面積で理解して納得するほうがいいでしょう。

長方形の面積は「縦」×「横」ですから、一辺が$(a+b+c)$、もう一辺が$(x+y+z)$の大きな長方形を考え、これを9つの小さな長方形に分けて考えるのです。

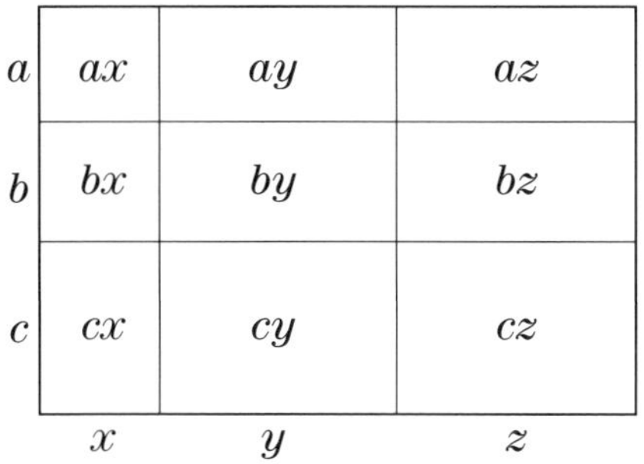

	x	y	z
a	ax	ay	az
b	bx	by	bz
c	cx	cy	cz

この分配法則を使うと、次のような展開ができます。

$$
\begin{aligned}
&(a+b+3)(a-b-4)\\
&=a(a-b-4)+b(a-b-4)+3(a-b-4) \quad (\times a,\ \times b,\ \times 3)\\
&=a^2-ab-4a+ab-b^2-4b+3a-3b-12\\
&=(a^2-ab+ab-b^2)+(-4a+3a)\\
&\qquad\qquad+(-4b-3b)-12 \quad \text{同類項をまとめる}\\
&=a^2-b^2-a-7b-12
\end{aligned}
$$

他の例も見てみましょう。

$$
\begin{aligned}
&(a+b+2)(a+b-3)\\
&=a(a+b-3)+b(a+b-3)+2(a+b-3)\\
&=a^2+ab-3a+ab+b^2-3b+2a+2b-6\\
&=(a^2+ab+ab+b^2)+(-3a+2a)\\
&\qquad\qquad\qquad\qquad+(-3b+2b)-6\\
&=a^2+2ab+b^2-a-b-6
\end{aligned}
$$

（$\times a$、$\times b$、$\times 2$）

同類項をまとめる

$a+b$が両方に共通に入っているので、最初にこれをまとめて、$A=a+b$と置いて、次のように計算することもできます。

$$
\begin{aligned}
&(a+b+2)(a+b-3)\\
&=(A+2)(A-3)\\
&=A(A-3)+2(A-3)\\
&=A^2-3A+2A-6\\
&=A^2-A-6\\
&=(a+b)^2-(a+b)-6\\
&=a^2+2ab+b^2-a-b-6
\end{aligned}
$$

$a+b$をAとする

（$\times A$、$\times 2$）

同類項をまとめる

Aに$a+b$を代入する

2乗の公式を利用して展開する

こちらの計算方法のほうがスマートに見えるかもしれませんが、計算の手数は大して変わりません。

個人の好みで、好きな方法で計算すればいいのです。あなたは「こつこつ派」ですか、「スマート派」ですか？　両方で計算してみて、同じ結果になることを確かめるのもいいでしょう。

$(x+y+4)(x+y-4)$を、両方のやり方で計算してみましょう。

$$
\begin{aligned}
&(x+y+4)(x+y-4)\\
&=x(x+y-4)+y(x+y-4)+4(x+y-4)\\
&=x^2+xy-4x+xy+y^2-4y+4x+4y-16\\
&=x^2+2xy+y^2-16
\end{aligned}
$$

（$\times x$、$\times y$、$\times 4$）

同類項をまとめる

次は、$A=x+y$とする方法です。

$$
\begin{aligned}
&(x+y+4)(x+y-4)\\
&=(A+4)(A-4)\\
&=A^2-4^2\\
&=(x+y)^2-16\\
&=x^2+2xy+y^2-16
\end{aligned}
$$

和と差の積は、２乗の差

２乗の公式を利用して展開する

2 多項式の因数分解

ここまで多項式を展開する計算をしてきましたが、今度は逆の作業をしてみましょう。

つまり、バラバラになっている多項式を、かけ算の形に変形しようというのです。簡単な例で考えてみましょう。

$(x-2)(x-3)=x^2-5x+6$となるのですが、逆に、x^2-5x+6という多項式を、$x^2-5x+6=(x-2)(x-3)$とかけ算に直そうというのです。どうしてこのような逆の計算が必要なのでしょう？　どんなときに役立つのでしょうか？

じつは、すぐ後に、「2次方程式」を学習しますが、そこで役に立ちます。たとえば、

$$x^2-5x+6=0$$

を満たす未知数xを探すといってもなかなか大変です。ところが、

$$(x-2)(x-3)=0$$

を満たすxとなれば、2つの数をかけて0となるのは、どちらかが0になる場合しかありませんから、

$$x-2=0 \quad \text{または、} \quad x-3=0$$

となります。これなら1次方程式ですから、$x=2$または$x=3$となり、解が得られることになります。

その他にも、かけ算で表しておけば、分数の式のときに、分母と分子で約分しやすくなります。たとえば、

$$\frac{x^2-3x-10}{x+2}$$

は、簡単になるようには見えませんが、分子を積で表すと、ずいぶん変わってきます。

$$\frac{x^2-3x-10}{x+2}$$
$$=\frac{(x+2)(x-5)}{x+2}$$
$$=x-5$$

こんなに簡単な式になってしまうのです。

多項式を積の形にすることを「因数分解」といい、積を形づくるそれぞれの式を「因数」といいます。

$x^2-3x-10$を因数分解すると、$(x+2)(x-5)$となるわけです。$(x+2)$と$(x-5)$が因数です。積の形をした多項式を展開する計算に比べて、因数を見つけて因数分解する計算のほうが難しい計算になります。

いろいろな工夫が必要だからです。

1　共通因数でくくる因数分解

因数分解するとき、最初にやるべきことは、各項に共通の文字があったら、その文字をカッコの外に出すことです。

具体例で考えてみましょう。

$$2a^2-3ab^3+ac$$

という多項式を因数分解します。3つの項からできていますが、どの項にも共通に入っている文字を探してみると、aがどれにも入っていることに気がつきます。そこで、aをカッコの外に出し、それ以外をカッコでくくるのです。

$$2a^2-3ab^3+ac=a(2a-3b^3+c)$$

これで、因数分解ができたことになります。

他の例では、次のようになります。$3x^2-6xy$のどちらにも、$3x$が入っていることに気がつかなければできませんが。

$$3x^2-6xy=3x(x-2y)$$

共通の因数としてくくり出す文字が、2つ以上のこともあります。

$$3x^2y^2-6xy=3xy(xy-2)$$

多項式が共通因数になることもありえます。以下の変形では、$(a+b)=A$と置き換えて共通因数をくくり出しています。置き換えをしなくてもできる人は、そのまま因数分解してもかまいません。

$$(a+b)xy^2-(a+b)z$$

$$=Axy^2-Az$$

$$=A(xy^2-z)$$

$$=(a+b)(xy^2-z)$$

（$a+b$ を A とする）
（A をカッコの外に出す）
（A に $a+b$ を代入する）

2　積と和を求める因数分解

多項式$(x+2)(x+3)$を展開すると次のようになりました。

$$(x+2)(x+3)=x^2+5x+6$$

因数分解の計算は、右辺を左辺に変形する作業です。

$$x^2+5x+6=(x+\square)(x+\bigcirc)$$

xの係数5と、定数項6から、□と○を探さなければなりません。193ページの展開で学んだように、これらの関係は次のようになっています。

$$\begin{cases} \square\times\bigcirc=6 \\ \square+\bigcirc=5 \end{cases}$$

定数項の6を、2つの数の積の形(□×○)に分解する組み合わせには、「1と6」と「2と3」がありえます。このなかで和が5になるのは、2と3です。これで、2と3が定まり、因数分解が次のようにできます。

$$\begin{aligned}&x^2+5x+6\\&=x^2+(□+○)x+□\times○\\&=x^2+(2+3)x+2\times3\\&=(x+2)(x+3)\end{aligned}$$

このやり方で、他の問題も解いてみましょう。

$x^2+7x+12$を因数分解してみます。「積が12、和が7となる2つの数、□×○＝12、□＋○＝7」を探します。

$$\begin{cases}□\times○=12\\□+○=7\end{cases}$$

積が12となる2つの数の組み合わせは、「1と12」、「2と6」、「3と4」の3通りです。このなかで、和が7となるのは「3と4」だけです。これを利用して因数分解ができるわけです。

$$\begin{aligned}&x^2+7x+12\\&=x^2+(□+○)x+□\times○\\&=x^2+(3+4)x+3\times4\\&=(x+3)(x+4)\end{aligned}$$

今度は、定数項がマイナスの数のものを因数分解してみましょう。まず、展開をどのようにするか確認してみます。

$$\begin{aligned}(x+2)(x-4)&=x^2+(2-4)x-2\times4\\&=x^2-2x-8\end{aligned}$$

この変形を右から左にしなければなりません。

$$\begin{cases} \square \times \bigcirc = -8 \\ \square + \bigcirc = -2 \end{cases}$$

定数項が(−8)です。8を2つの数の積にする組み合わせには、「1と8」、「2と4」があります。このうちで、どちらかにマイナスをつけて和を求めたときに、xの係数である□＋○＝(−2)となる組み合わせを見つけたいわけです。「1と8」では、どちらかにマイナスをつけても和は(−2)にはなりません。「2と4」の場合には、2＋(−4)＝−2となるので、うまくいきそうです。

因数に分けるときには、$(x+2)$と$(x-4)$とすればいいわけです。

$$\begin{aligned} & x^2 - 2x - 8 \\ & = x^2 + (\square + \bigcirc)x + \square \times \bigcirc \\ & = x^2 + (2-4)x + 2 \times (-4) \\ & = (x+2)(x-4) \end{aligned}$$

最後に、定数項がプラスで、xの係数がマイナスの式を因数分解します。

$$x^2 - 9x + 8$$

これを、$(x+\square)$ $(x+\bigcirc)$と因数分解するのが目的です。このためには、次のような2つの数を探さなければなりません。

$$\begin{cases} □×○=8 \\ □+○=-9 \end{cases}$$

2つの数の積がプラスで、和がマイナスになるためには、2数ともにマイナスの数でなくてはなりません。かけて8になるマイナスの数の2数としては、「(−1)と(−8)」、「(−2)と(−4)」がありますが、和が−9になるのは、「(−1)と(−8)の場合です。これで、□=−1、○=−8とわかったので因数分解できます。

x^2-9x+8

$=x^2+(□+○)x+□×○$

$=x^2+(-1-8)x+(-1)×(-8)$

$=(x-1)(x-8)$

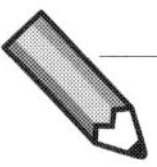

練習問題4-3　次の式を因数分解してください。

(1)　$x^2+7x+12$

(2)　$x^2-7x+12$

(3)　x^2+x-12

(4)　x^2-x-12

(5)　$x^2y-xy-12y$

(6)　$(x+y)^2-6(x+y)+8$

答は253ページ

3　2乗の公式が逆に使える場合の因数分解

$x^2+10x+25$ を因数分解してみましょう。

$$x^2+10x+25=(x+\square)(x+\bigcirc)$$

としたいので、

$$\begin{cases}\square\times\bigcirc=25\\ \square+\bigcirc=10\end{cases}$$

となる2数を探します。積が25になるのは、$25=1\times25$ か、$25=5\times5$ しかありませんから、和が10となるのは、5と5しかありえません。そこで、次のように因数分解できます。

$$x^2+10x+25=(x+5)(x+5)=(x+5)^2$$

気がつけば、これは2乗の公式の展開式の逆でした。

$$(x+a)^2=x^2+2ax+a^2$$

定数項が「ある数の2乗」になっていて、その数の2倍が x の1次の係数になっていれば、2乗の公式の逆をすればいいわけです。

$x^2+10x+25$ を見たとき、定数項が $25=5^2$ で、x の

係数が$2\times5=10$になっていることに気がつけば、一気に、

$$x^2+10x+25=x^2+2\times5x+5^2=(x+5)^2$$

と因数分解できるわけです。

ただし、いつも気がつくとは限りませんから、「積と和を求める因数分解」をしても一向にかまいません。因数分解したあとで気がついたっていいのです。

因数分解の答えが２乗になる例をもうひとつ見てみましょう。

$$
\begin{aligned}
&4x^2+12xy+9y^2\\
&=(2x)^2+12xy+(3y)^2\\
&=(2x)^2+2\times(2x)\times(3y)+(3y)^2\\
&=(2x+3y)^2
\end{aligned}
$$

慣れないと気がつきにくいですね。最初と最後の項が２乗で、真ん中の項が２の倍数のときは、「２乗の因数分解かも」と疑ってみるのがいいでしょう。

4　２乗の差の因数分解

多項式を展開するとき、「和と差の積は２乗の差」でした。因数分解するときはこれを逆に使うので、「２乗の差は、和と差の積に因数分解できる」となるわけです。

具体例で考えると、

$$a^2-b^2=(a+b)(a-b)$$

と因数分解できます。右辺から左辺への変形は、「展開の公式」でしたが、左辺から右辺への変形は、「因数分解の公式」となるわけです。

いくつか例を示しておきましょう。

$$x^2-36=x^2-6^2=(x+6)(x-6)$$
$$y^2-49=y^2-7^2=(y+7)(y-7)$$
$$4a^2-25b^2=(2a)^2-(5b)^2=(2a+5b)(2a-5b)$$
$$(x+y)^2-4z^2=(x+y)^2-(2z)^2$$
$$=(x+y+2z)(x+y-2z)$$

練習問題4-4　次の式を因数分解してください。

(1)　x^2-36

(2)　x^2-25y^2

(3)　$(x+y)^2-81z^2$

答は253ページ

5　少し複雑な因数分解

多項式の積を展開する計算は、いくら複雑でも丁寧にやれば必ずできます。しかし、多項式を因数分解する場合には難しいのが一般的です。

ここでは、少し複雑な問題について、少し合理的に考えて因数分解する方法を考えてみます。

次数の小さい文字に注目する

因数分解できる多項式には何種類かの文字が入っています。それぞれの文字に着目し、その文字についての何次式かを見定めるのです。

たとえば、次の多項式の因数分解を考えてみましょう。

$$x^2y+3y+x^2+3$$

この多項式は、xについて見れば2次式ですが、yについて見れば1次式です。

2次式よりは1次式のほうがやさしいでしょうから、yの1次式として整理してみます。

$$(x^2+3)y+x^2+3$$

1次式を因数分解するには、共通の因数をくくるしかありません。共通因数があるはずだと考えてみれば、

$$(x^2+3)y+(x^2+3)$$

となりますから、共通因数として、(x^2+3)でくくることができます。

$$(x^2+3)(y+1)$$

これ以上の因数分解はできません。

もうひとつ例を示しておきましょう。

$$xy+x-y-1$$

この式は、xについてもyについても1次式です。xについて整理してみると、共通の因数が現れてきます。

$$xy+x-y-1$$
$$=(y+1)x-(y+1)$$
$$=(y+1)(x-1)$$

共通因数でくくってから次の因数分解

複雑そうに見える多項式も、共通因数でくくればやさしい因数分解の問題になる場合もあります。

次の例で考えてみましょう。

$$3mx^2-12my^4$$

最初に、$3m$が共通因数であることに気づきます。これでくくれば少し楽になり、「2乗の差」が見えてきます。

$$3mx^2-12my^4$$
$$=3m(x^2-4y^4)$$
$$=3m(x^2-(2y^2)^2)$$
$$=3m(x+2y^2)(x-2y^2)$$

因数分解を繰り返すタイプ

次の多項式を因数分解してみます。

$$x^4 - y^4$$

この式は一度因数分解しただけでは終わらず、もう一度、因数分解ができるタイプです。

$$\begin{aligned}
&x^4 - y^4 \\
&= (x^2)^2 - (y^2)^2 \\
&= (x^2 + y^2)(x^2 - y^2) \\
&= (x^2 + y^2)(x + y)(x - y)
\end{aligned}$$

2乗の差は、和と差の積

$(x^2 - y^2)$を因数分解する

中学校では習いませんが、この他に、

$$(2x + 3y)(5x - 4y) = 10x + 7xy - 12y$$

上の式の右辺から左辺に因数分解する問題もあります。興味がある人は挑戦してみてください。

同じ式は置き換えを利用する

次のような多項式の因数分解を考えてみましょう。

$$(a + 3b)^2 - 3(a + 3b) + 2$$

部分的な多項式を展開して整理すれば、因数分解できそうです。

$$
\begin{aligned}
&(a+3b)^2-3(a+3b)+2 \\
&=a^2+6ab+9b^2-3a-9b+2 \\
&=a^2+(6b-3)a+9b^2-9b+2 \\
&=a^2+(6b-3)a+(3b-1)(3b-2) \\
&=(a+(3b-1))(a+(3b-2)) \\
&=(a+3b-1)(a+3b-2)
\end{aligned}
$$

展開する

aについて整理する

$(9b^2-9b+2)$を因数分解する

積と和の因数分解

上の因数分解でわかりにくいのは、aの２次式の因数分解なのですが、「積と和の因数分解」をするときに、数ではなくて文字式になっているところです。

しかし、よく見ると、面倒な計算をしてしまったようです。せっかく$(a+3b)$がまとまっているのですから、この部分を別の文字で置き換えておけば楽に因数分解ができます。

$a+3b=x$と置いてみます。多項式を置き換えるには大文字のAなどを使うことが多いのですが、小文字でもかまいません。

$$
\begin{aligned}
&(a+3b)^2-3(a+3b)+2 \\
&=x^2-3x+2 \\
&=(x-1)(x-2) \\
&=(a+3b-1)(a+3b-2)
\end{aligned}
$$

$a+3b$をxとする

積と和の因数分解

xに$a+3b$を代入する

このほうがやりやすいのではないでしょうか？　もちろん、因数分解にはいろいろな方法があるので、自分のやりやすい方法でやれば大丈夫です。

TeaTime　因数分解の公式が覚えられない①

たしかに、多項式の展開に比べて、多項式の因数分解はやさしくありません。展開の場合は、分配法則を使えばどんな多項式でも展開ができます。

因数分解を、なるべく公式を使わないで実行する方法を考えてみましょう。

(1)　はじめに、「共通の数や文字でくくる」をやります。この操作は、公式を覚えていなくてもできるでしょう。

$$2x^2y-10xy^2+12y^3$$

3つの項のどれにも含まれる数として2、どれにも含まれる文字としてyがあることに気がつくでしょう。これで、次のように、$2y$でくくれることがわかります。

$$2x^2y-10xy^2+12y^3$$
$$=2y(x^2-5xy+6y^2)$$

(2)　あとは、公式を思い出すのではなく、

$$x^2-5xy+6y^2=(x-\square y)(x-\bigcirc y)$$

と考えて、逆に展開して、

$$(x^2-(\square+\bigcirc)\ xy+\square\times\bigcirc y^2)=x^2-5xy+6y^2$$

としてみればいいのです。

かけ算して6になる整数は、1と6か、2と3ですが、和が5になる場合として、□＝2、○＝3とすればいいわけです。

$$x^2-5xy+6y^2=(x-2y)(x-3y)$$

結局、

$$2x^2y-10xy^2+12y^3=2y(x-2y)(x-3y)$$

と因数分解できます。

練習問題4-5　次の式を因数分解してください。

（1）　$(2x+3y)^2-5(2x+3y)+4$

（2）　$(a+b)^2-(c+d)^2$

答は253ページ

TeaTime　因数分解の公式が覚えられない②

前のコラムの因数分解では、公式らしい公式は使っていません。「因数分解は公式に当てはめて解く」と考えなくてもできるのです。

（3）　公式を使う場合でも、展開の公式を思い出せばいいのです。

$$\begin{aligned}(x+a)(x-a)&=x(x-a)+a(x-a)\\&=x^2-ax+ax-a^2\\&=x^2-a^2\end{aligned}$$

右辺から左辺を導くのが因数分解の公式ですが、わからなくなったら、左辺から右辺を導く、展開の公式を書いてみればいいのです。それも忘れたら、分配法則で展開すればいいのです。

数学では公式の記憶はなるべく少なくしたいものです。

3 未知数の文字を用いた2次方程式

これまで学んできた方程式は、xの１次式、つまり１次方程式だけでした。

ここでは、方程式が「xの２次式」で表される、「２次方程式」をどのように解けばよいかを考えていきましょう。

２次方程式の簡単な例としては、「面積が９cm^2の正方形の１辺の長さは何cmでしょう」という問題です。

正方形の１辺の長さが未知数です。わからないけれども$x$cmと置いてみると、正方形の面積は$x^2\mathrm{cm}^2$と表せますから、次のような２次方程式が得られます。

$$x^2 = 9$$

答えは簡単にわかるでしょう。２乗して９になる数は、(＋３)と(－３)の２つです。ここで、未知数xは、正方形の１辺の長さでしたから、プラスの数です。(－３)は、実際の解としては不適当ですから、正しい解は、$x = 3$となります。

このように、形式的に解いた２次方程式の解が、実際の問題で適当かどうかは常に吟味しておかなければなりません。

図形の面積の問題をもうひとつ解いておきましょう。

「面積が12.56m^{2}となる円の半径はいくらでしょうか？ただし、円周率は、3.14とします」

半径がrの円の面積は、πr^2でした。この公式を使いましょう。求めたい円の半径をrとすると、次の方程式が得られます。

$$\pi r^2 = 3.14 \times r^2 = 12.56$$

両辺を3.14でわると次のようになります。

$$r^2 = 4$$

2乗して4になる数には、(＋2)と(－2)がありますが、円の半径ですから、(－2)のほうは不適当です。求める答えは、半径＝2mとなります。

1　無理数

ところで、次の方程式の解はどうなるでしょうか？

$$x^2 = 2$$

この方程式を満たす整数はありませんが、平方根の記号$\sqrt{\ }$を使って、

$$x=\sqrt{2}、\quad または、\quad x=-\sqrt{2}$$

と表します。本書では詳しく説明しませんが、このような数を「無理数」といいます。

$(\sqrt{2})^2=2$となります。この記号は、「2乗して2になる正の数」を形式的に表しただけで、その大きさについては次のようになります。

$$\sqrt{2}=1.41421356\cdots\cdots$$

この小数は同じ数字や並びが繰り返さず、まったく不規則に永遠に続いています。もちろん分数では表せません。という理由もあって、「無理数」と呼ばれています。分数で表せる数は、小数で表すと、有限で終わるか、$\frac{1}{3}=0.333\cdots\cdots$のように、繰り返しがあるかということがわかっています。

2 因数分解による解法

未知数xの2次式で表される2次方程式は、次のような形をしています。

$$x^2-7x+12=0$$

このままでは、xの値はわかりません。しかし、この多項式を因数分解すると活路が見いだせるのです。

$$\begin{cases} □×△=12 \\ □+△=-7 \end{cases}$$

積が12となる2つの整数は、「1と12」、「2と6」、「3と4」、「(－1)と(－12)」、「(－2)と(－6)」、「(－3)と(－4)」だけです。このなかで、和が(－7)となるのは、「(－3)と(－4)」だけです。そこで次のように因数分解できるのでした。

$$x^2-7x+12=(x-3)(x-4)$$

すると、最初の2次方程式は次のようになります。

$$(x-3)(x-4)=0$$

2つの数をかけて0になるということは、どちらかが0でしかありえませんから、

$(x-3)=0$、または、$(x-4)=0$

が成り立ちます。

一般的に表せば次のようになります。

$A×B=0$ならば、$A=0$、または、$B=0$である。

このような数の性質は、覚えるというより、「自然に納得する」部類の性質です。小学校で学んだ「かけ算九九」にお

いて、0以外の数をかけて0になることはありませんでしたから。

これらのことから、この2次方程式の解は次のようになります。

$x=3$、　　または、　　$x=4$

この例のように、2次方程式を因数分解できれば、1次方程式として考えられるので、解けるようになるわけです。

もうひとつ2次方程式を解いてみましょう。

$x^2+2x-15=0$

$x^2+2x-15$を、$(x+\square)(x+\triangle)$の形に因数分解するために、

$$\begin{cases}\square\times\triangle=-15\\\square+\triangle=2\end{cases}$$

となる2数を探します。積が-15となるので、「1と15」、「3と5」のうち、どちらかの数に$(-)$をつけるだけです。和が2になるように、片方に$(+)$、片方に$(-)$をつけると、(-3)と$(+5)$が見つかります。これで因数分解ができます。

$$\begin{aligned}&x^2+2x-15\\&=x^2+((-3)+(+5))x+(-3)\times(+5)\\&=(x-3)(x+5)\end{aligned}$$

これで、2次式は因数分解されましたので、2次方程式は次のようになり、解けるようになります。

$x^2+2x-15=(x-3)(x+5)=0$

$x-3=0$、　　または、　　$x+5=0$

$x=3$、　　または、　　$x=-5$

多項式の因数分解は面倒でしたが、2次方程式を解くのに、ずいぶんと役に立つのですね。

3　$(x+\square)^2=\triangle$にまとめる解法

次の方程式を解くのは難しくないでしょう。

$$(x-3)^2=4$$

$(x-3)$をひとまとめにして考えれば、2乗して4になるわけですから、$(+2)$と(-2)があります。

$(x-3)=+2$、　　または、　　$(x-3)=-2$

$x=2+3=5$、　　または、　　$x=-2+3=1$

解が無理数を含んでも同じです。

$(x-5)^2=3$

$(x-5)=\sqrt{3}$、　　または、　　$-\sqrt{3}$

$x=5+\sqrt{3}$、　　または、　　$x=5-\sqrt{3}$

分数が入っても同じです。

$$\left(x-\frac{3}{5}\right)^2=\frac{5}{4}$$

$$\left(x-\frac{3}{5}\right)=\sqrt{\frac{5}{4}}=\frac{\sqrt{5}}{2}、\quad または、\quad -\frac{\sqrt{5}}{2}$$

$$x=\frac{3}{5}+\frac{\sqrt{5}}{2}、\quad または、\quad x=\frac{3}{5}-\frac{\sqrt{5}}{2}$$

これらの2次方程式は、次のように表せるタイプです。

$$(x+\square)^2=\triangle$$

このタイプに整理できれば、上記のように解けることになります。

2次方程式$x^2+6x-10=0$をこのように変形することを考えましょう。x^2+6xの部分を2乗の形にするにはどうすればよいでしょうか。$x^2+6x=x^2+2\times x\times 3$と考えると、「$3^2$」を付け加えれば、$x^2+2\times x\times 3+3^2$の形になります。すると、次のように2乗の形にできます。

$$x^2+2\times x\times 3+3^2=(x+3)^2$$

3^2がないのに付け加えてしまいましたから、右辺にも同じ数を加えておかなければなりません。

$$x^2+6x-10=0$$

$$x^2+6x+3^2=10+3^2=10+9=19$$

$$(x+3)^2=19$$

$$x+3=\sqrt{19}、\quad または、\quad -\sqrt{19}$$

$$x=-3+\sqrt{19}、\quad または、\quad -3-\sqrt{19}$$

この例では、$x^2+6x=x^2+2\times3x$となり、xの係数に2があったのでうまくいきました。

しかし、xの係数に2がなくて、無理やりに2をつけることもあります。

$x^2+3x=-1$を解いてみます。

$$x^2+3x=-1$$

3→ $2\times\frac{3}{2}$

$$x^2+2\times\frac{3}{2}x=-1$$

両辺に$\left(\frac{3}{2}\right)^2$をたす

$$x^2+2\times\frac{3}{2}x+\left(\frac{3}{2}\right)^2=-1+\left(\frac{3}{2}\right)^2$$

左辺を因数分解する

$$\left(x+\frac{3}{2}\right)^2=-1+\frac{9}{4}$$

$$\left(x+\frac{3}{2}\right)^2=\frac{5}{4}$$

$\sqrt{\frac{5}{4}}\to\frac{\sqrt{5}}{\sqrt{4}}\to\frac{\sqrt{5}}{\sqrt{2^2}}\to\frac{\sqrt{5}}{2}$

$$x+\frac{3}{2}=\frac{\sqrt{5}}{2}、\quad\text{または、}\quad-\frac{\sqrt{5}}{2}$$

$\frac{3}{2}$を移項する

$$x=-\frac{3}{2}+\frac{\sqrt{5}}{2}、\quad\text{または、}\quad-\frac{3}{2}-\frac{\sqrt{5}}{2}$$

$$x=\frac{-3+\sqrt{5}}{2}、\quad\text{または、}\quad\frac{-3-\sqrt{5}}{2}$$

この方法により、どんな2次方程式も、$(x+\square)^2=\triangle$の形に変えれば、解くことができます。

4　解の公式

ここで、xについての2次方程式の、それぞれの係数を文字にしてみましょう。

$$ax^2+bx+c=0$$

この式を、前項でやったように、無理やり$(x+\square)^2=\triangle$の形に変形する方法を使って解いてみます。

$$x^2+\frac{b}{a}x+\frac{c}{a}=0$$

$$x^2+2\times\frac{b}{2a}x=-\frac{c}{a}$$

$$x^2+2\times\left(\frac{b}{2a}\right)x+\left(\frac{b}{2a}\right)^2=-\frac{c}{a}+\left(\frac{b}{2a}\right)^2$$

$$\left(x+\frac{b}{2a}\right)^2=-\frac{c}{a}+\frac{b^2}{4a^2}=\frac{-4ac+b^2}{4a^2}$$

$$\left(x+\frac{b}{2a}\right)=\sqrt{\frac{-4ac+b^2}{4a^2}}\text{、または、}-\sqrt{\frac{-4ac+b^2}{4a^2}}$$

$$x=-\frac{b}{2a}+\frac{\sqrt{-4ac+b^2}}{2a}\text{、}$$

$$\text{または、}-\frac{b}{2a}-\frac{\sqrt{-4ac+b^2}}{2a}$$

$$x=\frac{-b+\sqrt{b^2-4ac}}{2a}\text{、または、}\frac{-b-\sqrt{b^2-4ac}}{2a}$$

これを、次のようにまとめて書きます。

$$x=\frac{-b\pm\sqrt{b^2-4ac}}{2a}$$

これを、2次方程式の「解の公式」といいます。

この公式は覚えておくと解がすぐ計算できるので便利ですが、覚えにくい式です。

中学校では語呂合わせや歌で暗記させるところもありますが、公式をはじめから丸暗記するより、公式を見ながら解を導くのに慣れてくれば、自然に覚えられるものです。

さっそく、次の方程式に公式を当てはめてみましょう。

$$3x^2+6x+2=0$$

$a=3$、$b=6$、$c=2$ だから、解は次のようになります。

$$x=\frac{-b\pm\sqrt{b^2-4ac}}{2a}$$

a に3、b に6、c に2を代入する

$$=\frac{-6\pm\sqrt{6^2-4\times3\times2}}{2\times3}$$

$$=\frac{-6\pm\sqrt{12}}{6}$$

$$=\frac{-6\pm\sqrt{4\times3}}{6}$$

$$=\frac{-6\pm\sqrt{2^2\times3}}{6}$$

$\sqrt{2^2}\to2$

$$=\frac{-6\pm2\sqrt{3}}{6}$$

約分する

$$=\frac{-3\pm\sqrt{3}}{3}$$

この「解の公式」は万能ですから、解が整数や分数になる

場合にも使えます。次の方程式を解いてみましょう。

$$2x^2+x-15=0$$

$a=2$、$b=1$、$c=-15$を解の公式に代入すればいいわけです。

$$
\begin{aligned}
x&=\frac{-b\pm\sqrt{b^2-4ac}}{2a}\\
&=\frac{-1\pm\sqrt{1^2-4\times2\times(-15)}}{2\times2}\\
&=\frac{-1\pm\sqrt{121}}{4}\\
&=\frac{-1\pm\sqrt{11^2}}{4}\\
&=\frac{-1\pm11}{4}\\
&=\frac{-1+11}{4}\text{、または、}\frac{-1-11}{4}\\
&=\frac{10}{4}\text{、または、}\frac{-12}{4}\\
&=\frac{5}{2}\text{、または、}-3
\end{aligned}
$$

$121\rightarrow11^2$

5 解の公式と因数分解

次のような2次式を因数分解するのはなかなか大変です。

$$12x^2+19x-18$$

このようなタイプの２次式の因数分解は、中学の数学ではあまり学習しません。本書でも、説明はしてきませんでした。

$$12x^2+19x-18=(\bigcirc x+\square)(\triangle x+\clubsuit)$$

となる数を探すのはなかなか大変なのです。

しかし、２次方程式の解が得られるなら、因数分解も容易です。例えば、２次方程式$x^2-5x+6=0$の解が、$x=2$、$x=3$ならば、２次式x^2-5x+6は、$(x-2)(x-3)$と因数分解されるはずですから。

$$12x^2+19x-18$$

そこで、解の公式を用いて、次のような２次式を因数分解してみます。

解を求めるには、$a=12$、$b=19$、$c=-18$を解の公式に代入すればいいわけです。

$$
\begin{aligned}
x&=\frac{-b+\sqrt{b^2-4ac}}{2a}\\
&=\frac{-19\pm\sqrt{19^2-4\times12\times(-18)}}{2\times12}\\
&=\frac{-19\pm\sqrt{1225}}{24}\\
&=\frac{-19\pm\sqrt{35^2}}{24}
\end{aligned}
$$

$1225\to35^2$

$$=\frac{-19\pm35}{24}$$

$$=\frac{-19+35}{24}\text{、または、}\frac{-19-35}{24}$$

$$=\frac{16}{24}\text{、または、}\frac{-54}{24}$$

$$=\frac{2}{3}\text{、または、}-\frac{9}{4}$$

ある2次方程式の解がmとnならば、その2次方程式は、$(x-m)(x-n)=0$と変形できるはずです。x^2の係数までそろえると、2次方程式$ax^2+bx+c=0$の解がmとnならば、次のように因数分解されます。

$$ax^2+bx+c=a(x-m)(x-n)$$

このことから、前ページの2次式は次のように因数分解されます。

$$12x^2+19x-18=12\left(x-\frac{2}{3}\right)\left(x-\left(-\frac{9}{4}\right)\right)$$

これで、元の2次式が因数分解されました。

$$3\times4\times\left(x-\frac{2}{3}\right)\left(x+\frac{9}{4}\right)$$

$$3\left(x-\frac{2}{3}\right)\times4\left(x+\frac{9}{4}\right)$$

$$12x^2+19x-18=(3x-2)(4x+9)$$

このように、2次方程式の解を求めて、それを用いれば、すべての2次式は1次式の積の形に因数分解されることになります。

6　2次方程式の2つの解が一致する場合

2次方程式が、$(3x-2)^2=0$のような形の場合は、$3x-2=0$となり、解は$x=\frac{2}{3}$だけとなります。

この場合、2次方程式の解の公式ではどうなっているのでしょう？　解の公式に代入して求めてみます。

$$(3x-2)^2=9x^2-12x+4=0$$

解を求めるために、$a=9$、$b=-12$、$c=4$を解の公式に代入します。

$$\begin{aligned}x&=\frac{-b+\sqrt{b^2-4ac}}{2a}\\&=\frac{-(-12)\pm\sqrt{(-12)^2-4\times9\times4}}{2\times9}\\&=\frac{12\pm\sqrt{144-144}}{18}\\&=\frac{12\pm0}{18}\\&=\frac{12+0}{18}\text{、または、}\frac{12-0}{18}\\&=\frac{2}{3}\text{、または、}\frac{2}{3}\end{aligned}$$

±√の部分は、√の中身が0となっているので、＋でも－でも同じ値です。解の公式で、√の中身は、b^2-4acでした。この値が0のときには、2つの解が一致して、ただひとつの解になることがわかります。

7　2次方程式の解がない場合

解の公式で、√の中身がマイナスになることはないのでしょうか？　じつはこのような場合はいくらでもありうるのです。次の2次方程式を解いてみましょう。

$$x^2+3x+5=0$$

$a=1$、$b=3$、$c=5$を解の公式に代入します。

$$\begin{aligned} x &= \frac{-b+\sqrt{b^2-4ac}}{2a} \\ &= \frac{-3\pm\sqrt{3^2-4\times1\times5}}{2\times1} \\ &= \frac{-3\pm\sqrt{9-20}}{2} \\ &= \frac{12\pm\sqrt{-11}}{2} \end{aligned}$$

ここで困ってしまいます。$a=\sqrt{-11}$ということは、$a^2=-11$ということです。しかし、これまで学んだ数は、2乗すれば0以上の数、つまり0か正の数になるので、-11ということはありえません。

そこで、このような2次方程式には、「解がない」とするしかありません。$ax^2+bx+c=0$において、b^2-4acの値が負の数であるときには、「解がない」のです。

解がない場合の一番簡単な2次方程式は、$x^2=-1$です。中学で学ぶ数の範囲では、「解はない」となるのですが、じつは、高等学校へ行くと、このような数も考えるようになるのです。中学生には信じられないようなことを、高等学校では扱うのです。

このことは、ちょうど、小学校では、○+1=0という○に入る数は、ありえませんでしたが、中学では、○=−1として、ありうる数となったのと同じことです。

練習問題4-6　次の2次方程式を解いてください。

（1）$x^2-6x+8=0$

（2）$x^2-x-12=0$

（3）$x^2+6x-3=0$

（4）$x^2-3x-1=0$

答は253ページ

4　変数を用いた2次関数

１次関数を学んだとき、文字x、yなどは、「変数」として働いていました。

これまでは、関数の「入力」としてxを用いた「xの１次式」、つまり「１次関数」だけを扱ってきました。

ここでは、「xの２次式」で表される、「２次関数」を調べてみます。

1　2次関数$y=x^2$

一番簡単な２次式はx^2です。入力がxのとき、出力が$y=x^2$となるような関数として、どのような関数を思い浮かべるでしょうか？

簡単な例として、１辺の長さが$x$cmのときの正方形の面積が$y=x^2$cm^{2}となる関数だと思い浮かべる人も多いでしょう。

$y = x^2 \mathrm{cm}^2$

$x$cm

2次関数$y = x^2$

2次関数$y = x^2$の数表は、次のようになります。入力のxは、整数はもちろん、小数でも分数でも、無理数でもかまいません。

入力x	0	1	$\sqrt{2}$	1.5	2	3
出力y	0	1	2	2.25	4	9

練習問題4-7　2次関数$y = x^2$の表で、空欄の部分を埋めてください。

入力x	-3	-2	$-\sqrt{2}$	-1	0	2	3
出力y							

答は254ページ

2　2次関数$y = x^2$のグラフ

1次関数$y = ax + b$のグラフは、傾きがaで、y切片がbの直線でした。それでは、2次関数$y = x^2$のグラフはどのような形になるのでしょうか。

x座標がxのところに、高さが$y=x^2$の棒を立ててみます。はじめは、0から10まで、0.5刻みで棒を立ててみます。次の左の図です。

次に、もっと詳しく、0.1刻みで棒を立ててみます。真ん中の図です。

最後に、これらの棒の上に、柔らかい糸を垂れかけるように線を描いてみます。この糸の描く図形が、2次関数$y=x^2$のグラフです。

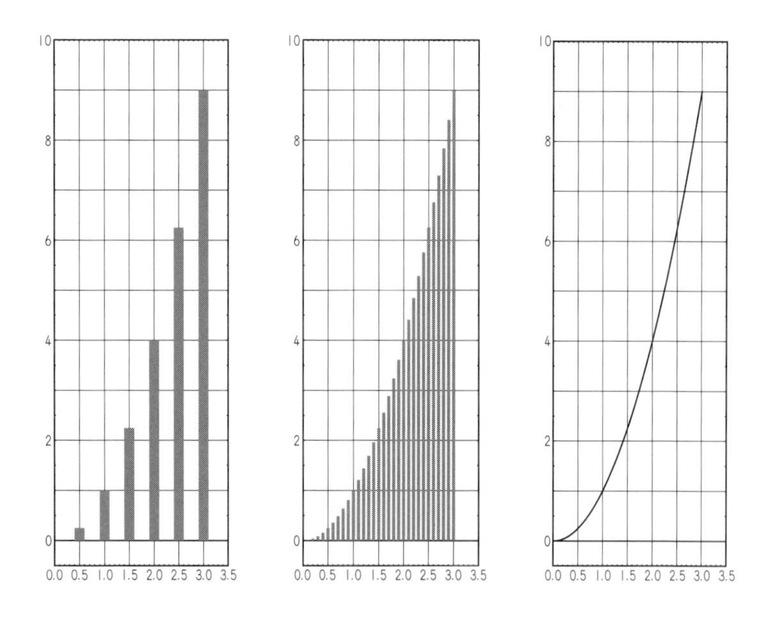

棒を立てたグラフを描いたのは、関数$y=x^2$のグラフを扱っている間に、x^2が、x軸からの長さ(距離)を表すことを忘れてしまうことがあるからなのです。

$x<0$も含めた2次関数$y=x^2$とグラフ

正方形の1辺の長さは負の数にはなりませんが、ある値を基準にして、その値より大きいか小さいかを表すときには、長さもマイナスになりえます。

$x=10$cmを基準にして、10cmより小さいときには、たとえば$x=-2$とするわけです。

$x=10$の地点から、プラスマイナス$x$cmの辺の正方形を描いたときの正方形の面積は、xの正負にかかわらず、x^2となります。

$x<0$の場合も、$(-x)^2=x^2$ですから、数表は次のようになります。

入力x	0	-3	-2	-1.5	$-\sqrt{2}$	-1
出力y	0	9	4	2.25	2	1

$x<0$も含めた、2次関数$y=x^2$のグラフは次のようになり、$x=0$を対称軸として、左右対称になります。

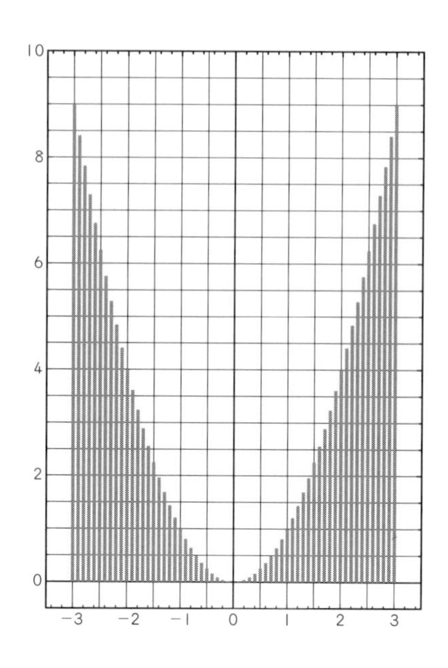
10
8
6
4
2
0
−3
−2
−1
0
1
2
3

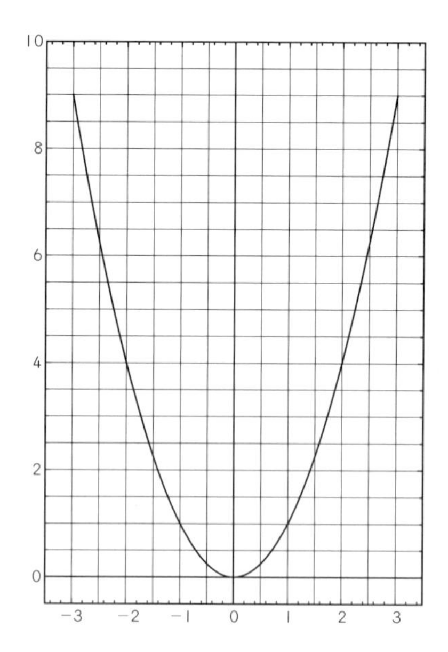
10
8
6
4
2
0
−3
−2
−1
0
1
2
3

3　2次関数 $y = ax^2$ の具体例

1辺が $x$cmの正方形の面積は x^2cm^2 でした。1辺が $x$cmの正三角形の面積はどうなるでしょうか？

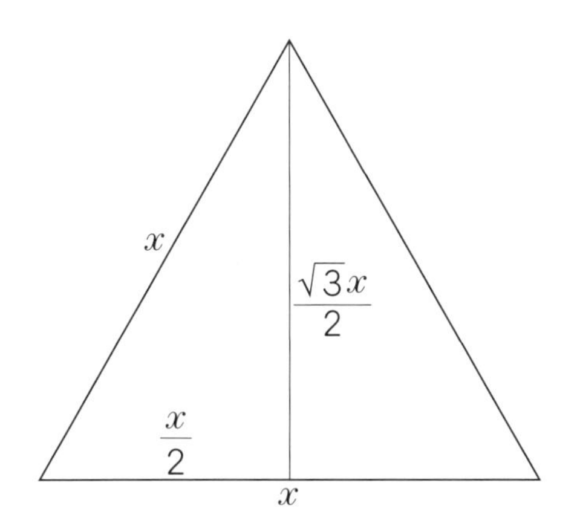

1辺が x の正三角形の高さを求めるには、「三平方の定理」を使わなければなりません。三平方の定理というのは、直角三角形の斜辺を a、他の2辺を b、c とすると、$b^2 + c^2 = a^2$ になるという定理です。

図のように、正三角形を半分に切り、左の半分の直角三角形に三平方の定理を使うのです。高さを h とすると、直角三角形の斜辺は x で、他の2辺は h と $\frac{x}{2}$ ですから、次の式が成り立ちます。

$$h^2+\left(\frac{x}{2}\right)^2=x^2$$

この式から、hが次のように、xで表せます。

$$h^2=x^2-\frac{x^2}{4}=\frac{4}{4}x^2-\frac{1}{4}x^2=\frac{3}{4}x^2$$

$$h=\frac{\sqrt{3}}{2}x$$

これで、1辺がxの正三角形の面積yは、次のようにxで表せます。

$$y=\frac{1}{2}\times x\times\frac{\sqrt{3}}{2}x=\frac{\sqrt{3}}{4}x^2$$

また、1辺がxの正六角形の面積は、正三角形の6倍なので、次のようになります。

$$y=\frac{\sqrt{3}}{4}x^2\times 6=\frac{3\sqrt{3}}{2}x^2$$

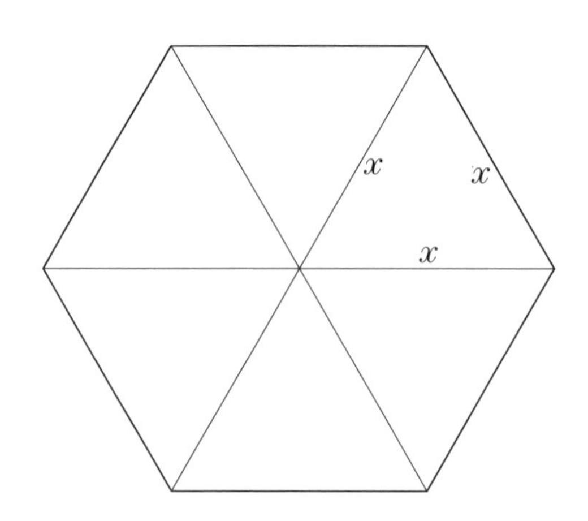

多角形でなく、円の面積はどうでしょうか。半径がxの円の面積は次の式になります。

$$y=\pi x^2=3.14x^2$$

このように、平面図形の場合、相似な形をしていて、1辺や半径をxとすると、その面積は$y=ax^2$と表せることがわかります。

aの値は、正方形の場合は$a=1$、正三角形の場合は$a=\frac{\sqrt{3}}{4}$、正六角形の場合は$a=\frac{3\sqrt{3}}{2}$、円の場合は$a=3.14$です。

これらをまとめて、2次関数$y=ax^2$と表します。

比例というのは本来、$y=ax$となる1次関数で、「yはxに比例する」というのでしたが、$y=ax^2$の場合、x^2をひとまとめにしてみれば、「yはx^2に比例する」ということもできます。この場合の比例定数はaです。

aの値が変わると、グラフも変わってきます。次ページの上にあるグラフは、$a=1$、$a=2$、$a=3$、$a=4$、$a=5$、$a=6$、$a=7$、$a=8$、$a=9$、$a=10$、としたときの$y=ax^2$のグラフです。先が尖っているほど、aの値は大きくなります。

下のグラフは、$a=1$、$a=\frac{1}{2}$、$a=\frac{1}{3}$、$a=\frac{1}{4}$、$a=\frac{1}{5}$、$a=\frac{1}{6}$、$a=\frac{1}{7}$、$a=\frac{1}{8}$、$a=\frac{1}{9}$、$a=\frac{1}{10}$、としたときの$y=ax^2$のグラフです。aの値が小さくなるほど、なだらかな変化になっていきます。

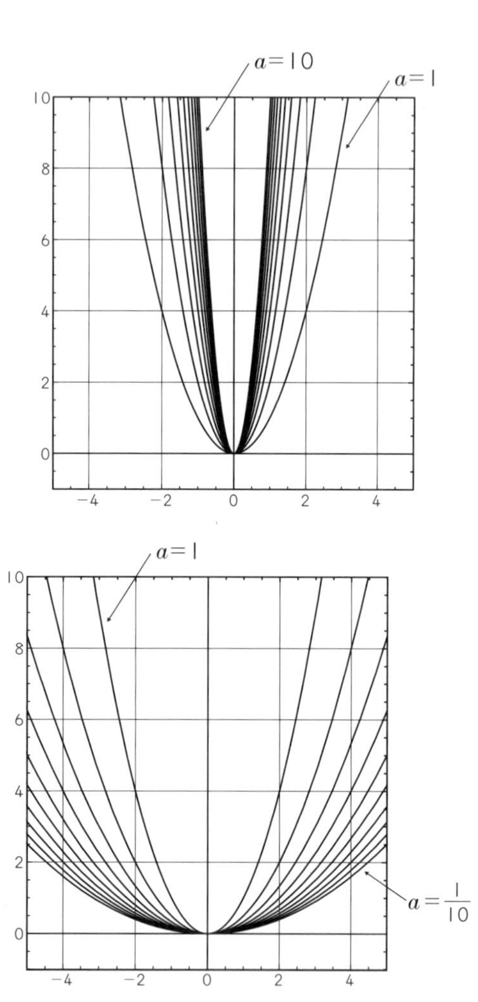
a=10
a=1
10
8
6
4
2
0
−4
−2
0
2
4
a=1
10
8
6
4
2
0
−4
−2
0
2
4
a=1/10

練習問題4-8

（1）　2次関数$y=0.5x^2$のグラフを描いてください。

（2）　2次関数$y=-0.5x^2$のグラフを描いてください。

答は254ページ

4　放物線

空中にボールを投げると、ボールの通った跡（軌跡といいます）は、$a>0$の場合の2次関数$y=ax^2$のグラフの、上下をひっくり返したような形になります。次の図は、$y=-x^2$のグラフです。

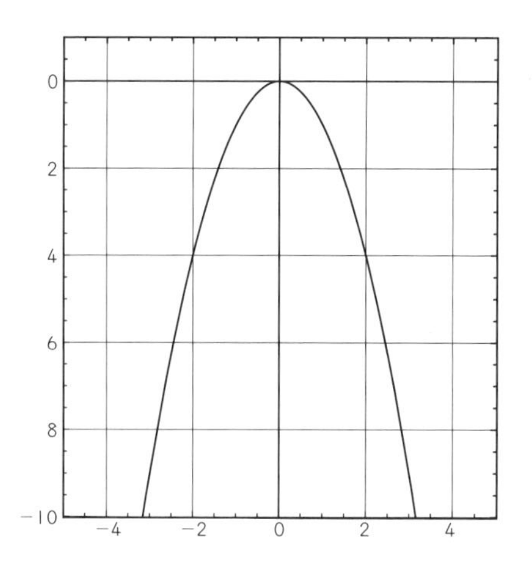

この曲線は、物を放り投げたときにできる線なので、「放

物線」と呼ばれます。ホースで水を空中に散布するときにもできる曲線です。

aの値が変わると、グラフも変わってきます。次のグラフは、$a=-1$、$a=-2$、$a=-3$、$a=-4$、$a=-5$、$a=-6$、$a=-7$、$a=-8$、$a=-9$、$a=-10$、としたときの$y=ax^2$のグラフです。先が尖っているほど、aの絶対値$|a|$の値が大きくなります。

次ページのグラフは、$a=-1$、$a=-\frac{1}{2}$、$a=-\frac{1}{3}$、$a=-\frac{1}{4}$、$a=-\frac{1}{5}$、$a=-\frac{1}{6}$、$a=-\frac{1}{7}$、$a=-\frac{1}{8}$、$a=-\frac{1}{9}$、$a=-\frac{1}{10}$、としたときの$y=ax^2$のグラフです。$|a|$の値が小さくなるほど、なだらかな変化になっていきます。

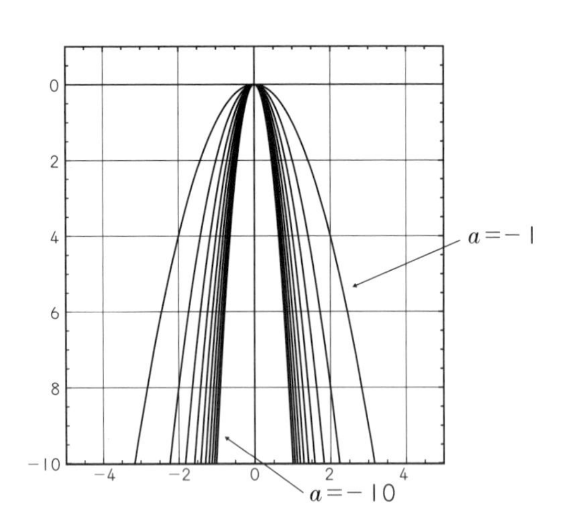

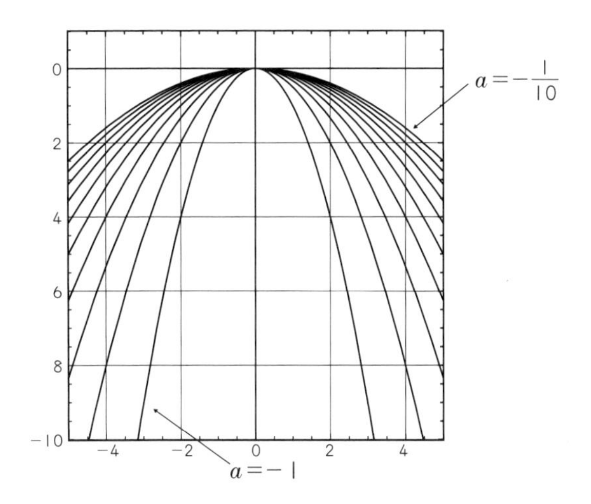

放物線において、左右対称となる真ん中の線を「軸」といいます。

数学で学んだことは、現実の世界でいろいろな形で使われます。放物線についても、世の中のいろいろなところで使われています。

放物線の面白い性質として、「軸に平行に来た線は、放物線に反射して、1点(これを焦点といいます)に集まってくる」というのがあります。この性質を利用したのが、天体望遠鏡やパラボラアンテナです。

逆に、この焦点に光源を置くと、放物線に反射した光は、軸と並行に進むので、遠くまで到達することができます。この性質を利用したのが、自動車のヘッドライトや懐中電灯なのです。

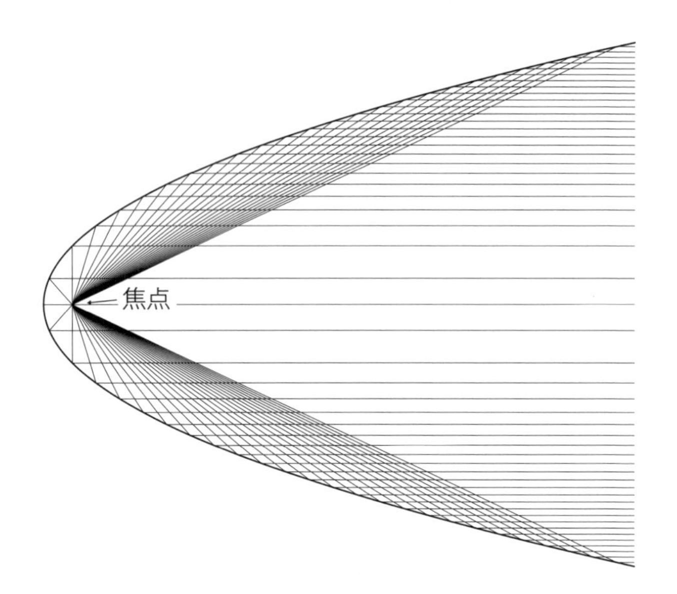
焦点

2章の練習問題の解答

練習問題2-1

(1)　$5a+6a+3+2=11a+5$

(2)　$8x+2x+2+6=10x+8$

(3)　$4x+7x-2-1=11x-3$

(4)　$-2m+5m+3-1=3m+2$

練習問題2-2

(1)　$5a-12a+3-4=-7a-1$

(2)　$8x-6x+2-18=2x-16$

(3)　$4x-7x-2+1=-3x-1$

(4)　$-2m-5m+3+1=-7m+4$

練習問題2-3

(1)　①$3\times3\times3=3^3$

　　②$9\times9\times9\times9=9^4$

(2)　$6^5=6\times6\times6\times6\times6$

練習問題2-4

(1)　$2^2-3\times2+2=0$

(2)　$2^2+5\times2-3=11$

(3)　$7\times4-3\times(-1)=31$

(4)　$5\times(-2)-5+(-2)=-17$

練習問題2-5

（1）　恒等式

（2）　方程式

（3）　恒等式

（4）　方程式

練習問題2-6

（1）　$x=9+4=13$

（2）　$x=7$

（3）　$2x=6$、$x=3$

（4）　$6x-18+9=2x+10-15$、$4x=4$、$x=1$

（5）　$4(5x+6)=3(3x+19)$、
$20x+24=9x+57$、
$11x=33$、$x=3$

練習問題2-7

購入金額＋残金＝はじめに持っていた金額で、x冊買ったとすると、代金は$300x$ですから、次の式が得られます。

$$300x+500=2000$$
$$300x=1500$$
$x=5$　一郎くんが買ったのは、5冊です。

練習問題2-8

一郎くんが追いつく時間をx分後とすると、それまでに一郎くんは$180x$m走り、次郎くんは、90（$x+3$）m歩くことになります。移動した2人の距離は等しいので次の式が成り立ちます。

$$180x=90(x+3)$$

この方程式を解いて、$180x=90x+270$、$90x=270$、$x=3$と求められます。

一郎くんは3分後に次郎くんに追いつけることになります。

練習問題2-9

3%の食塩水200gの食塩水の中にある食塩の量は、$200\times\frac{3}{100}$です。加えるべき4%の食塩水の量をxgとすると、食塩の量は$x\times\frac{4}{100}$gです。これを合わせて、3.6%の食塩水$(200+x)$gができるので、食塩の量は、$(200+x)\times\frac{3.6}{100}$gとなります。したがって、次の方程式が成り立ちます。

$$200\times\frac{3}{100}+x\times\frac{4}{100}=(200+x)\times\frac{3.6}{100}$$

100をかけて、

$$600+4x=3.6x+720$$

$0.4x=120$、$x=300$が得られます。4%の食塩水を300g入れればよいことになります。

練習問題2-10

(1)

入力xの値	0	1	2	3	4
出力yの値	0	4	8	12	16

(2)　正比例している。

比例定数は、$\frac{1}{2}=0.5$

$y=0.5x$

練習問題2-11

(1)

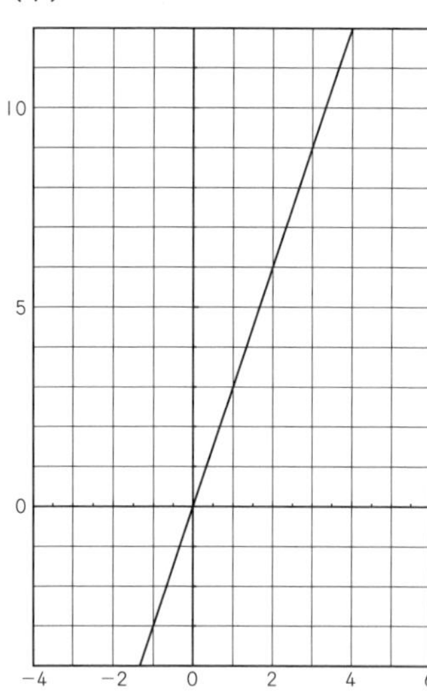

(2)

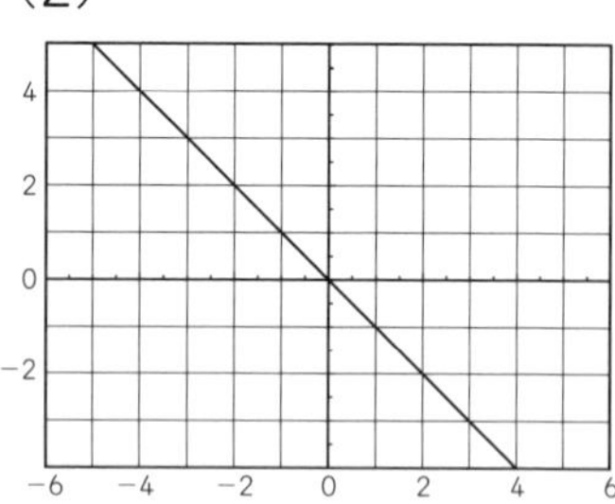

(3)

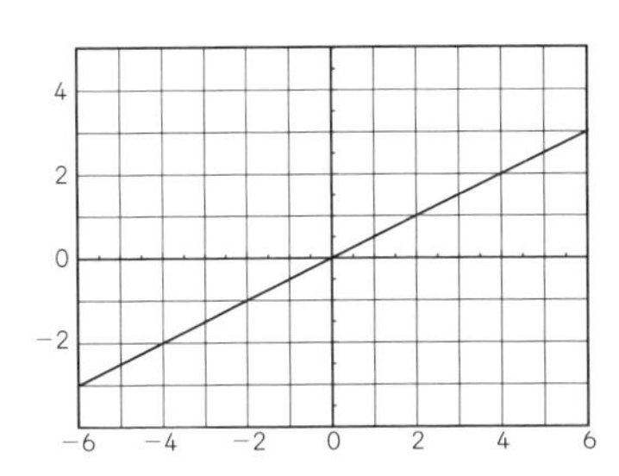

(4)

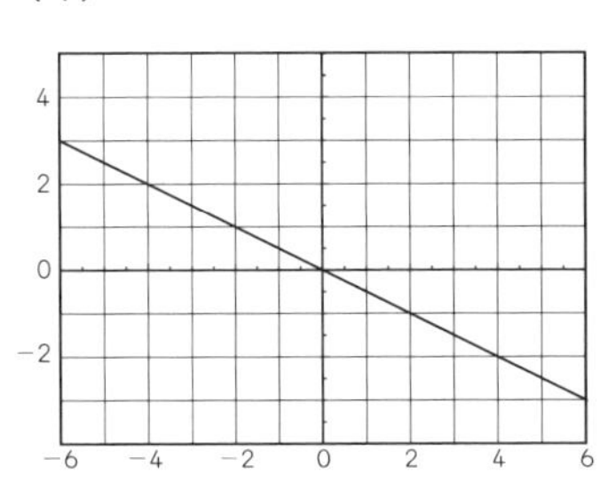

練習問題2-12

反比例している。比例定数は3

$$y=\frac{3}{x}$$

練習問題2-13

円周率を3.14とします。

$$「弧の長さ」=2\times 3.14\times 10\times\frac{45}{360}=7.85\text{cm}$$

$$「面積」=3.14\times 10^2\times\frac{45}{360}=39.25\text{cm}^2$$

練習問題2-14

(1)　底面の三角形の面積$=\frac{3\times 4}{2}=6\text{cm}^2$、3つの側面の面積は、$3\times 8=24\text{cm}^2$、$4\times 8=32\text{cm}^2$、$5\times 8=40\text{cm}^2$となるので、表面積は次のようになります。

$$2 \times 6 + 24 + 32 + 40 = 108\text{cm}^2$$

(2)　底面の円の面積＝$3.14 \times 4^2 = 50.24\text{cm}^2$、側面の面積は、$2 \times 3.14 \times 4 \times 10 = 251.2\text{cm}^2$、となるので、表面積は次のようになります。

$$2 \times 50.24 + 251.2 = 351.68\text{cm}^2$$

(3)　底面の円の面積は、$3.14 \times 10^2 = 314\text{cm}^2$、円錐の側面積は、半径20cmの円の面積に、中心角の割合をかければいいのです。

　中心角の割合は、円弧の割合と同じですから、側面を展開した、おうぎ形の弧の長さが底面の円の円周と同じことを用いて次のようになります。

$$\text{中心角の割合} = \frac{2\pi \times 10}{2\pi \times 20} = \frac{10}{20} = \frac{1}{2}$$

　したがって、円錐の側面積は次のようになります。

$$3.14 \times 20^2 \times \frac{1}{2} = 628\text{cm}^2$$

　よって、円錐の表面積は次のようになります。

$$314 + 628 = 942\text{cm}^2$$

練習問題2-15

(1)　$6 \times 9 = 54\text{cm}^3$

(2)　$\frac{1}{3} \times 6 \times 9 = 18\text{cm}^3$

(3)　$3.14 \times 4^2 \times 9 = 452.16\text{cm}^3$

(4)　$\frac{1}{3} \times 3.14 \times 4^2 \times 9 = 150.72\text{cm}^3$

練習問題2-16

(1)　$4\pi r^2 = 4 \times 3.14 \times 3^2 = 113.04\text{cm}^2$

(2)　$\frac{4\pi r^3}{3} = \frac{4 \times 3.14 \times 3^3}{3} = 113.04\text{cm}^3$

3章の練習問題の解答

練習問題3-1

(1)　$7x^2y^3 + 4x^3 - y^2 + 4x - y$

(2)　$\mathrm{P} + \mathrm{Q} = -2x^3 + x^2 + 4x + 2$、

$\mathrm{P} - \mathrm{Q} = 6x^3 - 9x^2 + 12x - 14$

練習問題3-2

(1)　$(x \times y^2) \times (x^2 \times y) = x^3y^3$

(2)　x^6y^3

(3)　$(x^6y^3) \times (xy^2) = x^7y^5$

(4)　x^4y^4

練習問題3-3

(1) $x = 1$、$y = 1$　　(2) $x = 4$、$y = 5$

(3) $x = 2$、$y = 5$

練習問題3-4

(1)傾きは4、y切片は2

(2) 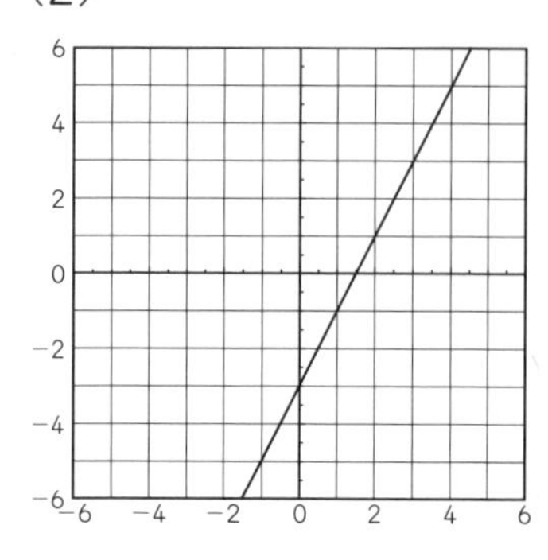

(3) 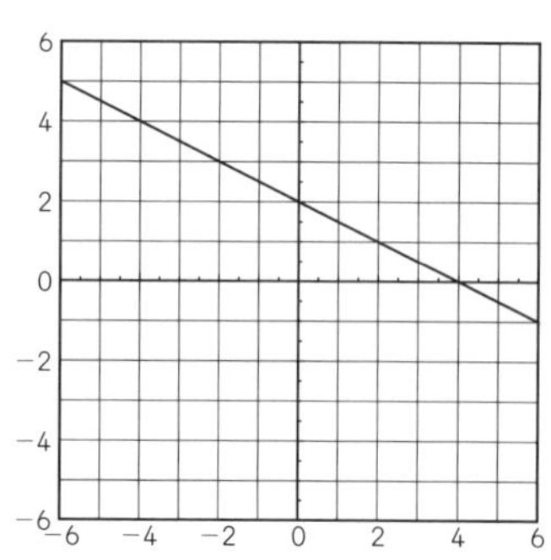

練習問題3-5

(1)　平行になっていて、交わらない。

(2)　2直線が一致してしまい、解がたくさんある。

4章の練習問題の解答

練習問題4-1

(1)　$2a^3 - 2a^2b + 2ab^2 - 6ab + 10a$

(2)　$2a^2 - 3ab + 4ac + 4ab - 6b^2 + 8bc$

$$- 6ac + 9bc - 12c^2$$

$$= 2a^2 + ab - 2ac - 6b^2 + 17bc - 12c^2$$

練習問題4-2

(1)　$x^2 + 9x + 14$

(2)　$x^2 - 9x + 14$

(3)　$x^2+5x-14$

(4)　x^2-36

(5)　a^2-4b^2

練習問題4-3

(1)　$(x+3)(x+4)$

(2)　$(x-3)(x-4)$

(3)　$(x+4)(x-3)$

(4)　$(x-4)(x+3)$

(5)　$y(x-4)(x+3)$

(6)　$(x+y-2)(x+y-4)$

練習問題4-4

(1)　$(x+6)(x-6)$

(2)　$(x+5y)(x-5y)$

(3)　$(x+y+9z)(x+y-9z)$

練習問題4-5

(1)　$(2x+3y-1)(2x+3y-4)$

(2)　$(a+b+c+d)(a+b-c-d)$

練習問題4-6

(1)　$(x-2)(x-4)=0$より、$x=2$、$x=4$

(2)　$(x-4)(x+3)=0$より、$x=4$、$x=-3$

(3)　$x=\dfrac{-6+\sqrt{6^2-4\times1\times(-3)}}{2}$

$$=\frac{-6\pm\sqrt{48}}{2}$$

$$=\frac{-6\pm4\sqrt{3}}{2}$$

$$=-3\pm2\sqrt{3}$$

(4) $x=\dfrac{3\pm\sqrt{(-3)^2-4\times1\times(-1)}}{2}$

$$=\frac{3\pm\sqrt{13}}{2}$$

練習問題4-7

入力x	-3	-2	$-\sqrt{2}$	-1	0	2	3
出力y	9	4	2	1	0	4	9

練習問題4-8

(1)

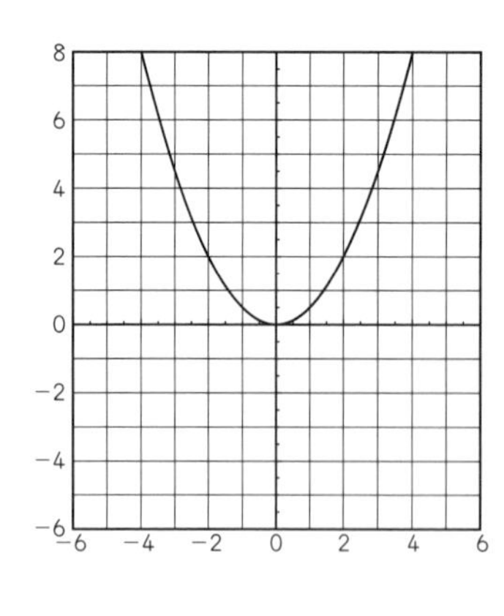

(2)

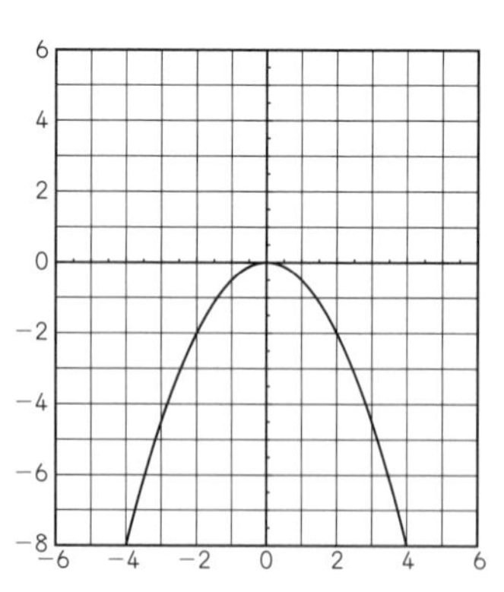

中学数学でよく出会う文字

文字	意　味
a, b, c	おもに不定の定数
x, y	おもに未知数や変数
S	面積　(area, surface area)
V	体積　(volume)
h	高さ　(height)
l	長さ　(length)
r	半径　(radius)
d	直径　(diameter)
π	円周率
t	時間　(time)
v	速度　(velocity)
O	原点　(origin)

著者略歴

小林 道正（こばやし みちまさ）

1942年長野県生まれ。
京都大学理学部数学科卒業、東京教育大学大学院修士課程修了。2013年まで中央大学経済学部の教授を務める。現在、中央大学名誉教授。専門は確率論、数学教育。
委員長を務めたこともある数学教育協議会では、教師や学生らとともに、算数や数学を楽しく教えるための研究・実践活動を進めている。著書に『世の中の真実がわかる「確率」入門』（講談社ブルーバックス）、『ファイナンスと確率』（朝倉書店）、『能力を開く「数学的発想」法』（実業之日本社）、『数とは何か？』（ベレ出版）など。

中学数学（ちゅうがくすうがく）*x*や*y*の意味（いみ）と使（つか）い方（かた）がわかる

2017年4月25日　初版発行

著者	小林 道正（こばやし みちまさ）
DTP	WAVE 清水 康広
校正	曽根 信寿
カバーデザイン	FUKUDA DESIGN 福田 和雄
本文イラスト	いげた めぐみ
発行者	内田 真介
発行・発売	ベレ出版 〒162-0832　東京都新宿区岩戸町12 レベッカビル TEL.03-5225-4790 FAX.03-5225-4795 ホームページ　http://www.beret.co.jp/
印刷	株式会社文昇堂
製本	根本製本株式会社

ISBN 978-4-86064-507-6 C0041　　　編集担当　永瀬 敏章